Uttamkumar S. Bagde

Fundamentos da Biotecnologia Ambiental

Uttamkumar S. Bagde

Fundamentos da Biotecnologia Ambiental

Importância da biotecnologia para as actividades ambientais

ScienciaScripts

Cover image: www.ingimage.com

This book is a translation from the original published under ISBN 978-3-659-82329-9.

Publisher:
Sciencia Scripts
is a trademark of
Dodo Books Indian Ocean Ltd. and OmniScriptum S.R.L publishing group

120 High Road, East Finchley, London, N2 9ED, United Kingdom
Str. Armeneasca 28/1, office 1, Chisinau MD-2012, Republic of Moldova, Europe
Managing Directors: Ieva Konstantinova, Victoria Ursu
info@omniscriptum.com

Printed at: see last page
ISBN: 978-620-8-37928-5

Conteúdo

Sobre o autor

O Dr. U. S. Bagde fez o seu mestrado na Universidade P.G.T.D. de Nagpur em 1976. Recebeu o prémio M.Phil. em 1979 e Ph.D. Life Sciences (Microbiology sp.) e também D.G.S. em 1982 pela Jawaharlal Nehru University New Delhi e D. Sc. (Microbial Technology) em 2010 pela Amity University, Noida (U.P.) Índia. Fez o seu L.L.B., L.L.M. e Ph.D. (Direito) na Universidade de Mumbai e M.B.A. na Canadian School of Management e M.A. (Inglês) na Universidade de Mumbai, Mumbai, Índia.

Os seus dez livros publicados, incluindo este, são: 1) A Comparative Study of Human Rights in World Constitutions, 2) Current Trends in Life Sciences, 3) Impact of Bio inoculants on Economically Important Plants, 4) Current Trends in Biotechnology, 5) Microbial Resistance to Antimicrobials- Challenges and Remedies, 6) Recent Trends in Applied Microbiology, 7) Fundamentals of Microbial Biotechnology, 8) Cancer a class of dreaded diseases-its challenges and remedies,9) Emerging Frontiers in Biological Sciences, 10) Fundamentals of Environmental Biotechnology. Tem mais de 100 trabalhos de investigação publicados. Contribuiu com capítulos em muitos livros. Visitou e apresentou trabalhos de investigação em conferências internacionais no Canadá, Alemanha, Kuwait, Bahrein, Tailândia, Áustria e EUA. Foi recentemente Professor da Escola de Ciências Biológicas da Universidade Central Dr. H.S. Gour, Sagar (M.P.) Índia. Anteriormente, foi Professor de Microbiologia e Diretor do Departamento de Ciências da Vida. Biotecnologia e Biofísica, Universidade de Mumbai, Índia. Orientou com êxito mais de 25 estudantes de investigação. Foi investigador principal de um grande projeto de investigação financiado pela UGC sobre baratas. Tem mais de 30 anos de experiência de ensino e investigação no domínio da microbiologia, da biotecnologia e das ciências da vida.

Recebeu uma bolsa de estudo da Mahindra e Mahindra para fazer o doutoramento na J.N.U. Nova Deli. Foi galardoado com o prémio F.S.E.Sc. (Fellow of Society of Environmental Sciences) pela sua contribuição notável no domínio das ciências ambientais e com o prémio F. S. L. Sc. (Fellow of Society of Life Sciences). Recebeu o prémio Bharat Jyoti da Sociedade Internacional da Índia, em Nova Deli, a Medalha de Ouro Professor E. P. Odum, o Prémio Shiksha Rattan, a Medalha de Ouro Charles Darwin, o Prémio Internacional Einstein e o Prémio de Excelência Rajiv Gandhi. É editor associado do Journal of Environment and Eco planning e do National Journal of Life Sciences, faz parte do conselho editorial do Journal of University of Mumbai e do conselho consultivo da Pollution Research e do Asian Journal of Microbiology, Biotechnology & Environmental Sciences e do American Bibliographical Institutes Board of Advisors de Nova Iorque, EUA.

Prefácio

A biotecnologia ambiental é uma disciplina científica em rápida expansão. Assim, o âmbito deste livro específico "Fundamentos da Biotecnologia Ambiental" abrange dez tópicos importantes e mais relevantes de interesse atual, nomeadamente, saúde ambiental, poluição e seu controlo, papel dos micróbios na reciclagem de elementos no ambiente natural, impacto dos parâmetros ambientais nas actividades ambientais, biodegradação microbiana do plástico, biorremediação de resíduos de corantes, biodegradação de pesticidas, fotodegradação de plásticos e plásticos fotodegradáveis, lindano no ambiente e sua degradação, importância da degradação microbiana do petróleo, aplicações da biotecnologia para a limpeza do ambiente.

Este livro aborda pormenores importantes e intrínsecos de todos estes aspectos. Espera-se que este livro seja útil para as disciplinas biológicas, Ciências da Vida, Biologia Aplicada, estudantes a nível de graduação e pós-graduação, bem como para professores e investigadores em geral e para a Biotecnologia Ambiental em particular.

Estou em dívida para com o Professor Dr. Sudhir Meshram, Vice-Chanceler, North Maharashtra University, Jalgaon (M.S.), Professor Dr. N. S. Gajbhiye, Ex-Vice-Chanceler Dr. H. S. Gour Central University, Sagar (M.P.), Professor Dr. Arvind Kumar, Ex-Vice-Chanceler, Vinoba Bhave University, Hazaribag (Jharkhand), Professor Dr. Sanjay Deshmukh, Vice-Chanceler, University, Hazaribag (Jharkhand). Arvind Kumar, ex-vice-chanceler da Universidade Vinoba Bhave, Hazaribag (Jharkhand), Professor Dr. Sanjay Deshmukh, vice-chanceler da Universidade de Bombaim, pelo seu apoio e encorajamento incondicional para completar este livro. Estou também em dívida para com o Professor Dr. A. K. Varma, Diretor-Geral do Amity Institute of Microbial Technology, pela ajuda e incentivo necessários, e para com a Lap Lambert Academic Publishing, Alemanha, pela publicação deste livro. Por último, mas não menos importante, agradeço o apoio moral e a ajuda necessária da minha mulher, a Dra. Sheela Bagde, e do meu filho, Sumeetkumar Bagde

Dr. Uttamkumar S. Bagde
30 de junho de 2015

Prefácio

O objetivo de Biotechnology Fundamentals é educar os leitores sobre os aspectos clássicos e modernos da biotecnologia e expô-los a uma série de tópicos, desde informações básicas a aspectos técnicos complexos. Outros livros cobrem temas individualmente, mas o texto do livro "Fundamentos de Biotecnologia Ambiental", da autoria do Dr. U. S. Bagde, antigo professor e diretor do Departamento Universitário de Ciências da Vida da Universidade de Bombaim, oferece uma rara combinação de temas, utilizando numerosas ilustrações úteis para explorar a informação sobre Biotecnologia Ambiental de que os estudantes e investigadores necessitam para moldar inteligentemente as suas carreiras.

O livro é uma das importantes adições à base de conhecimentos do recente repositório de livros de referência sobre o assunto. O Prof. Bagde tem mais de 3 décadas de experiência no ensino e investigação em Microbiologia e Biotecnologia, o que se reflecte na clareza das suas ideias ao conceber o referido livro, que é profundamente apreciado. A profundidade dos seus conhecimentos sobre o assunto é visível em todo o livro. O autor esforçou-se por elaborar este livro cheio de conhecimentos. Os amantes da biotecnologia acharão este livro muito útil e informativo e enriquecerão o seu banco de conhecimentos em grande medida. O livro será de interesse para gerar ideias curiosas nos estudantes e professores de Biotecnologia, em geral, e de Biotecnologia Ambiental, em particular.

Os conteúdos deste livro resultam de discussões entre professores eminentes e estudantes de doutoramento e foram concebidos para abordar os conceitos e métodos considerados úteis por ambas as partes. Para uma leitura mais aprofundada, são fornecidos no final de cada capítulo livros meticulosamente referidos e dez referências selecionadas. O saber-fazer e o estado da arte da matéria estão actualizados. Este livro está escrito numa linguagem simples, mas lúcida e facilmente compreensível, ao mesmo tempo que a tecnologia está plenamente inscrita com sabor e aroma.

Felicito o Prof. Bagde pela sua extraordinária contribuição para o domínio da biotecnologia e desejo-lhe as maiores felicidades para o êxito do livro.

Professor Dr. Sanjay Deshmukh, Ph.D.
Vice-reitor da Universidade de Mumbai.

Contribuintes

1. Saúde ambiental, poluição e seu controlo U.S. Bagde, e S.V. Deshmukh
2. Papel dos micróbios na reciclagem de elementos no ambiente natural U. S. Bagde e Ram Prasad
3. Impacto dos parâmetros ambientais nas actividades ambientais U. S. Bagde e Ajit Varma
4. Biodegradação microbiana de plásticos Rajshree Patil e U.S. Bagde
5. Biodegradação de pesticidas

   Chitra Varma e U.S. Bagde
6. Bioremediação de resíduos de corantes Raena Bhat e U.S. Bagde
7. Foto - Degradação de plásticos e plásticos fotodegradáveis Sonal Pradhan, Priyanka Rajput e U.S. Bagde
8. Lindano no ambiente e sua degradação Shilpa Gupta e U.S. Bagde
9. Importância da degradação microbiana do petróleo

   Varsha Iyer e U.S. Bagde
10. Aplicações da biotecnologia para a despoluição do ambiente Somnath Haldar e U.S. Bagde

Capítulo 1:
Saúde ambiental, poluição e seu controlo

1.1 Introdução

Para melhorar a vida do ser humano, é muito importante um ambiente saudável. As várias actividades dos microrganismos ajudam a produzir vários produtos para melhorar a vida humana. Pelo contrário, a degradação do ambiente é cada vez maior devido ao aumento da população, à urbanização e à industrialização, que degradam e poluem o ambiente. Por ambiente saudável entende-se o ar que respiramos, a água, os alimentos e o ambiente que nos rodeia. Todos os dias estamos em contacto com matérias biológicas e abiológicas, produtos químicos e o mundo físico. Para manter a família saudável, o ambiente também tem de ser saudável. Sem um ambiente adequado ou saudável, não é possível realizar facilmente as actividades diárias. A saúde ambiental aborda todos os factores físicos, químicos e biológicos que rodeiam a pessoa e que têm impacto no seu comportamento. O controlo destes factores é, portanto, essencial.

A saúde ambiental inclui a qualidade de vida que é determinada por factores físicos, químicos, biológicos, sociais e sociológicos do ambiente. Inclui a avaliação, o controlo e a prevenção dos factores que podem afetar negativamente a saúde humana. É essencial criar um ambiente saudável para viver melhor. O ambiente saudável é um termo abrangente que envolve muitos aspectos do ambiente que são necessários para a saúde das pessoas. Um ambiente limpo é essencial para o bem-estar humano. A saúde e um ambiente saudável e seguro são um direito humano que consiste em garantir o acesso aos recursos naturais para uma subsistência sustentável. Vivemos numa sociedade em que a saúde está ligada a um conjunto de factores sociais, económicos e ambientais

Um ambiente saudável é uma necessidade de todos os seres vivos, incluindo o homem e os animais. Uma atmosfera sem poluição, água limpa, alimentos nutritivos, abrigos ecológicos para o homem e os animais que protegem as pessoas constituem um ambiente saudável. Isto resulta numa menor formação de doenças ou de organismos causadores de doenças que afectam a saúde humana. O ambiente limpo e o ar saudável que respiramos garantem a qualidade de vida saudável. Um ambiente saudável ajuda a prolongar as possibilidades de sobrevivência dos seres humanos. O ambiente poluído é perigoso, criando riscos para a saúde humana, doenças e cancro. O ambiente com gases nocivos, as explorações agrícolas com pesticidas, a água contaminada afectam negativamente a saúde. Um ambiente saudável inclui o ar, a água, os alimentos e o ambiente que nos rodeia. São os produtos químicos, as radiações e os micróbios, bem como o mundo físico com que estamos em contacto. Um ambiente limpo é essencial para a saúde e o bem-estar do ser humano.

De acordo com a OMS 2015, "a saúde ambiental aborda todos os factores físicos, químicos e biológicos externos a uma pessoa e todos os factores relacionados que têm impacto nos comportamentos. Engloba a avaliação e o controlo dos factores ambientais que podem potencialmente afetar a saúde. Tem como objetivo a prevenção de doenças e a criação de ambientes favoráveis à saúde.

A industrialização, a urbanização e o aumento da população são responsáveis pela poluição e degradação do ambiente, que afectam a saúde ambiental e a saúde humana. O Homem tem vindo a poluir o seu ambiente desde que começou a viver em grandes aglomerados populacionais, a queimar combustíveis e a aplicar a tecnologia às necessidades dos habitantes das cidades. O processo foi acelerado durante a revolução industrial e agrícola com a introdução da energia a vapor nas fábricas, com maiores concentrações de populações nos centros fabris e com a aplicação em larga escala de fertilizantes químicos no solo. O número e a variedade de poluentes também aumentaram acentuadamente com o desenvolvimento da tecnologia química moderna, resultando subsequentemente na poluição da água, do ar e do solo.

Os micróbios aquáticos diminuem e esgotam o teor de oxigénio da água, afectando a sua estética. Isto também afecta a fauna e a flora desse ambiente e afecta o sabor da água e provoca um cheiro desagradável. A água é o recurso natural mais importante à disposição do homem. É necessária para numerosas actividades do homem e actividades realizadas pelo homem. Embora seja um recurso vital, também transporta muitos microorganismos patogénicos responsáveis por várias doenças que são transmitidas através da água. Os contaminantes microbianos e os poluentes químicos entram na água por várias vias. O consumo dessa água resulta na propagação de doenças. Todos os anos, um número considerável de vidas é ceifado por doenças transmitidas pela água, tanto nos países desenvolvidos como nos países em desenvolvimento. Enquanto a astenticidade e a qualidade da água em si são afectadas pelo crescimento e pela formação de flores de muitas espécies de cianobactérias, outras espécies microbianas são responsáveis pela propagação de doenças, como a febre tifoide, a febre paratifoide, a disenteria, a cólera, a hepatite, a salmonelose, a diarreia, a malária, a filariose, a gastroenterite, etc., através da água.

A poluição é uma contaminação do ambiente por substâncias ou energia produzidas pelo homem que têm efeitos adversos sobre a matéria viva ou não viva. Em termos simples, a poluição pode ser vista como uma substância errada no sítio errado, em quantidades erradas e no momento errado. Poluição da água, do ar e do solo significa a introdução de materiais que prejudicam a saúde humana ou a sobrevivência de plantas, animais e seres humanos, muitas vezes, apenas os de importância económica para os seres humanos. Existem seis tipos de poluentes principais que podem poluir o ambiente: 1) esgotos e fertilizantes; 2) hidrocarbonetos clorados e pesticidas; 3) metais pesados; 4) petróleo e produtos petrolíferos; 5) substâncias radioactivas; e 6) plásticos. Substâncias radioactivas e 6) Plásticos.

Os efeitos negativos da poluição do ambiente por resíduos são muitos e de grande alcance. Em última análise, a poluição conduz, direta ou indiretamente, a perdas nacionais. Os microrganismos degradam e dissimilam a matéria orgânica e outros poluentes químicos na água e libertam muitos produtos químicos importantes para recirculação e reutilização por outros membros da cadeia alimentar. Os micróbios decompositores também competem e eliminam os agentes patogénicos nos esgotos e na água poluída. No entanto, a depuração microbiana do ambiente é limitada e fica aquém da carga de poluição. Um grande número de poluentes químicos não são atacados pelos micróbios existentes e constituem um perigo para a saúde do homem. Os organismos capazes de metabolizar estes compostos recalcitrantes devem ser desenvolvidos ou criados e introduzidos na natureza, para degradar estes poluentes em elementos mais simples, nutrientes para reutilização.

A mais importante dádiva da natureza é a água razoavelmente clara e limpa. É considerada como o bem mais importante para o ser humano. Embora 3/4 da superfície da terra esteja cheia de água, a crescente industrialização e a explosão demográfica estão a tornar a água imprópria para consumo e utilização humana. A contaminação da água com agentes patogénicos, parasitas e poluentes cria muitos problemas de saúde para as pessoas que a consomem. Assim, a qualidade da água em relação à saúde humana é uma faceta importante da limnologia.

1.2 Indicadores de poluição do ambiente

A flora bacteriana natural da água é constituída pelas espécies que estão constantemente presentes na água. A água adquire bactérias do ar, solo, esgotos, resíduos orgânicos, plantas e animais mortos. Assim, quase todos os organismos podem ser encontrados na água em qualquer altura. No entanto, a maioria das bactérias encontra condições desfavoráveis e morre rapidamente, constituindo os sobreviventes a flora natural da massa de água.

Os microrganismos são importantes como monitores biológicos da poluição. As bactérias coliformes, quer coliformes totais quer coliformes fecais, são geralmente utilizadas como indicadores de poluição da água em microbiologia sanitária. Também os enterococos e os estreptococos fecais, como o Streptococcus faecalis, estão regularmente presentes nas fezes e são reconhecidos como indicadores de contaminações fecais. O exame de Cl. perfringens, formador de esporos anaeróbios, é utilizado de forma semelhante para monitorizar a qualidade bacteriológica da água. Estes são habitantes normais do intestino do homem e dos animais, exceto A. aerogenes entre os coliformes que também são habitantes do solo e da vegetação. As bactérias indicadoras estão frequentemente presentes em grande número juntamente com outros agentes patogénicos e são mais facilmente detectadas do que as bactérias patogénicas propriamente ditas. Reassoner desenvolveu um teste rápido de coliformes fecais de 7 horas para a deteção de coliformes fecais. As bactérias azul-esverdeadas ocorrem mais em águas poluídas e certas espécies de cianobactérias servem como indicadores de poluição e a sua presença dá uma prova conclusiva de um conjunto particular de condições num ambiente aquático. A contagem de placas também é considerada para a avaliação da água, embora tenha pouco significado sanitário. As contagens de bactérias viáveis ou de colónias têm também um valor considerável, uma vez que o aumento súbito da contagem dá uma indicação imediata da contaminação da água.

As águas subterrâneas e superficiais são a principal fonte de água potável para uma grande população. Devido à rápida urbanização, à industrialização e às práticas agrícolas intensivas, as fontes de água bruta são objeto de abuso e o resultado líquido é a deterioração da qualidade da água e o elevado custo do tratamento.

As massas de água albergam uma multiplicidade de microrganismos capazes de produzir uma variedade de alterações químicas e são fundamentais para manter o equilíbrio normal da vida nos ambientes aquáticos, contribuindo também para numerosos processos biogeoquímicos.

Observou-se que, com o aumento da eutrofização, houve um aumento do número total de cianófitas, enquanto o inverso se verificou no caso das clorófitas. As algas azuis foram mais resistentes ao stress da poluição do que as algas verdes.

Os sólidos totais, os sólidos totais dissolvidos e os sólidos totais em suspensão são compostos principalmente por carbonatos, bicarbonatos, cloretos, sulfatos e nitratos de cálcio, magnésio, potássio e manganês, bem como por matéria orgânica, sedimentos e outras partículas. Nas águas poluídas, a concentração de sólidos aumenta consoante o tipo de poluição. Embora tenha sido registada uma relação direta entre a matéria orgânica oxidável, por um lado, e o amoníaco albuminoide, o amoníaco livre e salino e o dióxido de carbono, por outro, foi estabelecida uma relação inversa entre a matéria oxidável e o oxigénio.

Os microrganismos reagem de forma relativamente rápida a alterações no seu ambiente. Para considerar a cinética da população microbiana, devem ser tidos em conta muitos parâmetros ambientais, uma vez que estes afectam e controlam o desenvolvimento da população microbiana, mesmo quando as actividades dos predadores são negligenciadas.

Muitos trabalhadores indicaram que muitas espécies de algas eram capazes de produzir substâncias fisiologicamente activas que actuam como estimuladores do crescimento, toxinas ou inibidores do crescimento de outras algas. Em Rice field, a alga azul-verde Anabaena flosaquae foi acompanhada pelo declínio de várias algas verdes, uma vez que as substâncias produzidas por Anabaena flosaquae eram letais ou algicidas para algumas algas verdes e algistáticas para outras, sugerindo efeitos antagónicos.

Os factores ambientais produzem geralmente flutuações acentuadas nas contagens bacterianas. Aparentemente, isto não se deve a um único fator, mas a um grupo de factores que actuam como um todo. Observou-se que os verdes-azuis eram mais adequados para condições eutróficas. Sabe-se que os verdes azuis produzem quelantes de ferro que inibem o crescimento de outras algas ligando-se ao ferro e restringindo a entrada através da membrana biológica. A luz elevada e a baixa temperatura desempenharam um papel significativo na periodicidade das cianófitas.

Várias substâncias químicas podem interagir sinergicamente de modo a que o seu efeito combinado seja superior à toxicidade aditiva individual e as espécies individuais podem ter uma vasta gama de respostas a cada substância química. É necessário estudar as interações sinérgicas ou aditivas com outras substâncias químicas que possam aumentar a toxicidade. Sabe-se que a alteração das condições nutricionais pode aumentar o crescimento de algumas espécies e provocar o desaparecimento de outras. Por outro lado, o desaparecimento de algumas espécies pode não significar necessariamente que os meios físico e químico tenham sido alterados.

O oxigénio dissolvido é um dos parâmetros importantes na avaliação da qualidade da água. A presença de oxigénio é essencial para manter uma variedade de formas de vida biológica na água e os efeitos das descargas de resíduos na massa de água são largamente determinados pelo equilíbrio de oxigénio do sistema. As águas superficiais não poluídas permanecem normalmente saturadas de oxigénio dissolvido. Este pode ser rapidamente removido dos resíduos através da descarga dos resíduos que exigem oxigénio. Foi registada uma correlação negativa entre a cultura de fitoplâncton e o oxigénio dissolvido. Esta correlação negativa pode dever-se ao facto de, com o aumento da temperatura, o teor de oxigénio dissolvido da água diminuir. Assim, se a temperatura está positivamente correlacionada com a cultura em pé (SC), então o D.O. está negativamente correlacionado com a temperatura. Assim, a correlação resultante entre a D. O. e a SC poderá ser negativa.

O oxigénio dissolvido na água depende de muitos factores, incluindo a presença de matéria orgânica que é decomposta e estabilizada por micróbios. Na água, observa-se uma relação inversa entre as cianobactérias e o oxigénio dissolvido. Quando o oxigénio estava na sua concentração mais elevada, a massa de cianobactérias era mais baixa no inverno e o oxigénio dissolvido era mais baixo no verão, quando as cianobactérias estavam no seu nível mais elevado.

O oxigénio dissolvido foi um teste importante para estudar a qualidade da água. É referido que uma quantidade elevada de oxigénio dissolvido favoreceu o crescimento das cianobactérias Anabaena, Merismopedia e Scendesmus, enquanto o crescimento de Spirulina e Crucigenia foi favorecido por um baixo teor de oxigénio e o crescimento de Nostoc e Syndra foi favorecido por um teor moderado de oxigénio na água do rio.

Uma medida da intensidade da poluição é o teste B. O. D. ou Demanda Bioquímica de Oxigénio, que mede a quantidade de oxigénio necessária aos microrganismos para estabilizar a matéria orgânica carbonácea decomposta, bem como oxidar os compostos de azoto inorgânico (nitrificação) em condições aeróbias.

A carência biológica de oxigénio (B.O. D.) é utilizada regularmente para avaliar a qualidade da água. Indica a necessidade de oxigénio dos micróbios para a oxidação da matéria orgânica na água. Em geral, foi estabelecido que quanto maior for a carência de oxigénio, maior será a massa bacteriana e vice-versa, o que indica uma correlação direta e positiva entre a massa bacteriana e a carência bioquímica de oxigénio.

A CBO e a CQO são também parâmetros importantes para determinar a magnitude da matéria orgânica. Observou-se que a CBO e a CQO eram elevadas no verão, quando se registava uma poluição orgânica elevada, e que a CBO e a CQO eram mínimas no inverno.

Os ensaios de CBO são historicamente utilizados por rotina para muitos fins. É utilizado em estações de tratamento de águas residuais para avaliar a potência do afluente e do efluente e até a qualidade da água recetora é frequentemente avaliada nesta base.

A carência química de oxigénio é a quantidade de oxigénio necessária para que as substâncias orgânicas presentes nos resíduos sejam oxidadas por um oxidante químico forte. Constitui um parâmetro fiável para avaliar o grau de poluição da água.

A elevada quantidade de cloreto indicou a fonte de drenagem de esgotos. As cianobactérias Merismopedia, Oscillatoria e Navicula foram encontradas adoptadas por uma elevada quantidade de iões cloreto. Os cloretos elevados são geralmente indicadores de uma grande quantidade de matéria orgânica na água. O teor de cloretos também aumentou com o grau de eutrofização.

A dureza é um parâmetro importante na deteção da poluição da água. A dureza deve-se principalmente à presença de iões Ca e Mg, tendo sido registada uma correlação direta entre a dureza Ca, Mg e as bactérias coliformes. As contagens máximas de bactérias coincidiam com os valores máximos de dureza, enquanto as contagens bacterianas eram baixas quando os valores de dureza eram mais baixos. Foi registada uma redução da dureza da água com o aumento do crescimento de algas. O crescimento rápido de bactérias e cianobactérias resultou na redução da dureza da água. O cálcio, o magnésio, o estrôncio, o ferro e o manganês contribuem para a dureza da água. Algumas algas como Pediastrum, Scendesmus aumentam o crescimento com uma quantidade apreciável de dureza. Scendesmus, Navicula e Synedra apresentaram o crescimento máximo com uma quantidade elevada de dureza.

Em certos ecossistemas, as algas e as bactérias permanecem como comunidades simbióticas e as bactérias heterotróficas obtêm carbono orgânico das algas. Também foi registada esta interação entre algas, bactérias patogénicas e bactérias indicadoras de importância sanitária. A interação entre algas e bactérias num sistema aquático era muito complexa. As algas necessitam de uma maior quantidade de compostos orgânicos para metabolizar heterotroficamente do que as bactérias e as bactérias simbióticas estreitamente associadas às algas funcionam como um sumidouro para esses solutos e, de facto, as bactérias podem reduzir o nível de compostos orgânicos dissolvidos no sistema de água natural.

Os nutrientes inorgânicos, como o azoto, o fósforo e o enxofre, desempenham um papel importante no crescimento e na propagação dos microrganismos. Também actuam como factores limitantes para o crescimento de micróbios em muitos casos em ambientes aquáticos. Também dificilmente podem ser demonstrados em lagos oligotróficos porque estão imediatamente ligados a plânctons microbianos, incluindo cianobactérias. O azoto parece ser o principal nutriente em água doce para a produção de biomassa. Muitos estudos estabeleceram o impacto positivo e direto das fontes inorgânicas sobre as cianobactérias. Embora os factores morfo-edáficos, como a área de superfície e a área de captação, também estejam frequentemente correlacionados com as densidades de fitoplâncton, a sua importância global é considerada menos significativa do que o papel desempenhado pelos nutrientes.

Roper e Marshall (1978) estudaram agentes de controlo biológico de bactérias de esgotos em habitats marinhos e concluíram que a predação e o parasitismo eram significativos na destruição de bactérias fecais na água do mar, e que havia uma gama de organismos adaptados a este papel. Os agentes de controlo biológico, que são membros da população microbiana natural, responderam aumentando o seu número e destruindo as bactérias fecais estranhas. Assim, houve um enriquecimento constante de predadores e parasitas na água do mar perto do emissário de esgotos, devido à entrada contínua de microrganismos fecais. Quando a fonte de alimento diminuiu, a população de protozoários superiores degenerou. A introdução de E. coli na água do mar natural resultou numa resposta direta dos parasitas e predadores microbianos naturais, que aumentaram em número e destruíram rapidamente as bactérias coliformes estranhas.

Apesar da poluição e da crise ambiental, tem havido uma falta evidente de conhecimentos abrangentes sobre as interações entre os parâmetros físico-químicos e microbianos dos sistemas aquáticos. É essencial determinar as causas dos efeitos negativos da poluição da água para prever medidas preventivas e de controlo.

Os microrganismos são importantes como monitores biológicos da poluição. Entre eles, os coliformes, os enterococos e os estreptococos fecais são reconhecidos como indicadores de contaminação fecal. A vida na água está repleta de interações complexas entre organismos macro e microscópicos, que provocam uma variedade de alterações biogeoquímicas. Os estudos que envolvem microrganismos e variáveis ambientais têm sido efectuados, mas não de forma suficiente.

Em vários estudos foram estabelecidas relações diretas e positivas, inversas ou negativas ou indiferentes entre os parâmetros bióticos e não bióticos das massas de água, a distribuição sazonal e vertical dos organismos bióticos foi influenciada por muitos factores. Alguns dos parâmetros físico-químicos estudados incluem o azoto total, o nitrato, o amoníaco, o sulfato, o fosfato, a D. O., a C. O. D, a B. O. D., o ferro, o silicato, o cálcio e o magnésio, o cloreto, o dióxido de carbono, o bicarbonato, o potássio, o sódio, o pH, a temperatura, a condutividade, a alcalinidade, a turvação, os sólidos em suspensão, etc. Por outro lado, os parâmetros biológicos estudados incluíam, para além dos coliformes e enterococos, várias cianobactérias e outros géneros de bactérias. Estes estudos ajudaram a envidar esforços para combater a eutrofização e a poluição microbiana da água e a melhorar a nossa compreensão destes processos. No entanto, ainda se aguarda uma investigação substancial sobre as interações complexas na água. O facto de duas ou mais variáveis tenderem a aumentar ou diminuir em conjunto não implica que uma tenha tido qualquer efeito direto ou indireto sobre a outra. Ambas podem ser influenciadas por outras variáveis de forma a criar uma forte relação matemática.

A terra, a água e o ar são três preciosas dádivas da natureza à humanidade. Utilizando-os judiciosamente, a vida torna-se vivível e amável. No entanto, se estas dádivas forem mal utilizadas, mal geridas e manipuladas, os resultados são desastrosos. A natureza tem os seus próprios mecanismos de prevenção e controlo para se salvar da deterioração e da extinção. No entanto, as tremendas actividades da raça humana para o avanço da industrialização e da urbanização criaram novas dimensões para as já existentes, complexidades e complexidades da natureza.

1.3 Poluição microbiana do ambiente e propagação de doenças

Os recursos naturais têm sido afectados de forma negativa, tanto qualitativa como quantitativamente, pelas actividades humanas na terra, no ar ou na água. A industrialização, a urbanização e a atividade de desenvolvimento em constante expansão e a consequente poluição do ambiente resultaram numa crise ambiental. A maioria das massas de água, como rios e lagos, recebe uma grande quantidade de esgotos, resíduos domésticos, resíduos industriais e substâncias químicas.

Os micróbios patogénicos são frequentemente transmitidos através da água, causando infecções do intestino. Estes são os agentes das febres tifoide e paratifoide, da disenteria e da cólera. Os organismos que estão presentes nas fezes ou na urina de uma pessoa afetada, quando descarregados, entram nas massas de água que servem de fonte de água potável.

As epidemias de disenteria e de febre tifoide ceifaram milhares de vidas na América Central e no México. Os agentes patogénicos envolvidos transportavam plasmídeos de resistência múltipla e a água desempenhou um papel importante na sua dispersão. Milhares de vidas foram ceifadas pela cólera transmitida pela água, 4.000 casos de hepatite em 1954-55 em Nova Deli (Índia), 18.000 casos de salmonelose em 1965 em Riverside (EUA) e 4.800 casos de giardíase em Roma. Isto indica que a água desempenha um papel importante na propagação de doenças.

Segundo consta, 500 milhões de pessoas são afectadas por doenças transmitidas pela água todos os anos e cerca de 10 milhões morrem. 25% das camas de hospital do mundo estão ocupadas por causa de água não saudável.

A poluição e a contaminação da água resultam na entrada e disseminação de micróbios nocivos responsáveis por doenças como a malária, a febre tifoide, a cólera e a filariose. A flora microbiana do ambiente aquático altera as propriedades e a qualidade da água. Embora os micróbios aquáticos degradem e estabilizem a matéria orgânica, continuam a deixar muitos produtos químicos por degradar. Estes materiais não degradados representam sérios riscos para o ambiente aquático.

A presença de bactérias na água representa um perigo potencial para a saúde. As doenças transmitidas pela água são galopantes devido à ocorrência generalizada de agentes patogénicos, parasitas e vectores de doenças na água. Também os poluentes químicos presentes na água, causados por factores geoquímicos e antropogénicos, aumentam os riscos para o ser humano. Muitos poluentes químicos interagem e afectam os microrganismos, os animais e as plantas num ambiente aquático.

A maioria das massas de água, como rios, lagos e lagoas, está poluída por poluentes de diferentes origens. Os resíduos e efluentes urbanos desempenham um papel preponderante na deterioração da qualidade da água. Podem conter excrementos humanos e animais, resíduos industriais e uma variedade de potenciais agentes patogénicos e produtos químicos nocivos.

Os sedimentos, nutrientes, pesticidas e outras substâncias que se acumulam nas massas de água em resultado da eliminação de resíduos e das actividades residenciais, agrícolas e industriais degradaram seriamente as massas de água, em alguns casos de forma irreparável.

A eutrofização resulta no desenvolvimento de um crescimento excessivo de algas em muitas águas doces e zonas costeiras interiores. Esta situação deve-se ao aumento do aporte de nutrientes e à alteração do ecossistema. O equilíbrio original dos vários componentes do sistema quebra-se e estabelece-se um novo equilíbrio com um forte crescimento de algas (incluindo bactérias azuis-verdes).

1.4 Tratamento de resíduos e poluentes

Uma das formas de eliminação das águas residuais domésticas consiste em devolver as águas residuais brutas diretamente ao ambiente, enterrando-as ou despejando-as nos oceanos, lagos ou rios. Os microrganismos digerem a carga orgânica e mineralizam-na completamente, convertendo-a na forma inorgânica e completando o ciclo biogeoquímico.

As grandes quantidades de herbicidas, pesticidas e outras substâncias químicas recalcitrantes libertadas no ambiente exerceram uma pressão selectiva que levou ao aparecimento de organismos capazes de metabolizar alguns destes compostos. Os cientistas estão a utilizar técnicas microbianas para acelerar este processo evolutivo. Os compostos recalcitrantes são tóxicos para os seres humanos e representam um perigo suficientemente significativo para que a sua utilização seja limitada. O pesticida DDT é proibido por ser considerado persistente do ponto de vista ambiental. O petróleo é outro poluente que é pouco degradado na natureza. As bactérias que digerem o petróleo, criadas por manipulação genética, estão a ser avaliadas para eliminar rapidamente os derrames de petróleo e reduzir os danos ambientais. A lenhina é conhecida por ser difícil de biodegradar por microrganismos. São escassos os estudos sobre a contribuição dos microrganismos na decomposição da matéria celulósica lignina.

Após a sua utilização, os produtos químicos sintéticos aparecem nas águas e nos solos. Os produtos químicos sintéticos terão uma função útil e, no entanto, terão de ser destruídos pelas comunidades microbianas quando a função deixar de ser necessária.

Os produtos químicos sintéticos são responsáveis por muitos dos cancros, bem como por outras doenças, e mais de 50% dos casos de cancro devem-se a causas ambientais. As águas e os solos podem conter substâncias químicas nocivas para as plantas, os animais e o homem. O ar também contém muitos tóxicos que resultam da atividade microbiana nos solos e nas águas.

Muitos materiais orgânicos são gerados pela tecnologia moderna. Estes materiais não podem ser facilmente eliminados pelo ciclo biogeoquímico natural. Por exemplo, os plásticos, compostos sintéticos, apareceram na biosfera tão recentemente que os micróbios não tiveram tempo para desenvolver a capacidade de os decompor.

A água tem sido afetada negativamente pelas actividades humanas em terra, no ar ou na água. A maioria das massas de água recebe grandes quantidades de esgotos, resíduos domésticos e substâncias químicas provenientes das indústrias. Os organismos patogénicos são transmitidos através da água potável contaminada e desempenham um papel na propagação de doenças infecciosas. Todos os anos, 500 milhões de pessoas são afectadas por doenças transmitidas pela água e cerca de 10 milhões morrem. A contaminação fecal da água é também responsável por surtos epidémicos. De acordo com um estudo de 1980, 30 000 pessoas morrem todos os dias devido à falta de higiene da água nos países em desenvolvimento.

Os microrganismos transformam os resíduos em composto, degradam metais pesados e pesticidas em efluentes de esgotos e lamas e resíduos sólidos e até o petróleo é degradado pela ação microbiana. Após a degradação, os elementos entram em vários ciclos biogeoquímicos como o azoto, o enxofre, o fósforo, o ciclo do carbono e são oxidados e reduzidos em várias acções vitais, dando assim continuidade aos ciclos elementares na natureza.

Também existe uma interação microbiana com micróbios, plantas e animais que estabelecem várias associações benéficas, neutras ou antagónicas entre si. Os micróbios são responsáveis pela lixiviação de elementos através da degradação de depósitos rochosos e libertam elementos fixos ou sequestrados no ambiente. Muitos metais também são acumulados por espécies de bactérias e fungos de forma selectiva, eliminando assim os metais.

Os resíduos sob a forma de lamas sólidas e de águas residuais são considerados os principais responsáveis pela poluição ambiental. Estes poluentes e resíduos podem ser tratados com a ajuda de micróbios em instalações de tratamento e, em seguida, os constituintes dos resíduos tratados são libertados na natureza, o que é mais seguro e ajuda a manter a qualidade do ambiente. Os resíduos tratados são de natureza orgânica e inorgânica. Os tratamentos físicos e químicos também são aplicados para diminuir a carga dos tratamentos biológicos.

As águas residuais contêm conteúdos orgânicos e inorgânicos e 95% de água. São constituídas por resíduos domésticos e industriais. Entre os tratamentos primários incluem-se a coagulação, a filtração e a flutuação, a desinfeção por cloração ou tratamento com luz UV. Os conteúdos suspensos e flutuantes são filtrados por escumadeiras, sedimentação, assentamento, seguidos de floculação química. Os sólidos dissolvidos são removidos no tratamento secundário por meios biológicos. Isto inclui o arejamento para facilitar o crescimento vigoroso de microrganismos aeróbicos através do processo de lamas activadas para converter os produtos orgânicos por oxidação em dióxido de carbono e água. Os sólidos sob a forma de lamas são removidos em tanques de decantação para serem posteriormente tratados em digestores anaeróbios. O efluente desinfectado, tratado e descarregado é limpo e transparente. O outro tratamento biológico inclui a técnica de filtro de gotejamento em que as águas residuais são alimentadas num leito rochoso constituído por pedras e plástico, permitindo que os microrganismos cresçam no leito do filtro sobre a superfície. Uma série de discos rotativos num eixo com biofilme é também utilizada para o tratamento biológico das águas residuais. A água de esgoto tratada e desinfectada é tão boa como a água potável. O processo de osmose inversa através do sistema de purificação pode ser igualmente utilizado juntamente com a filtração de partículas em suspensão para tratar as águas residuais e remover completamente a microflora.

O tratamento das lamas é efectuado em digestores anaeróbios que, basicamente, são digeridos por bactérias anaeróbias que produzem gás metano para ser utilizado como combustível e dióxido de carbono. As lamas não digeridas são secas e utilizadas para enchimento do solo.

Quando não existem estações de tratamento de águas residuais, são utilizadas fossas sépticas que permitem a sedimentação das lamas, que são removidas por bombagem e eliminadas, enquanto o efluente é canalizado através do sistema de drenagem para campos de ação microbiana e tratamento. Sempre que há terra disponível, são criados tanques de oxidação ou lagoas para tratar as águas residuais. A aeração em grandes áreas efectua a oxidação biológica das águas residuais por bactérias. O oxigénio adicional é fornecido pelo crescimento de algas na lagoa. Funciona segundo o princípio do processo de lamas activadas. A ação biológica de algas, fungos, bactérias, protozoários, etc., provoca uma alteração global do tratamento sob a forma de biodegradação da matéria orgânica, principalmente em dióxido de carbono e água.

Após o tratamento primário e secundário, é aplicado um tratamento suplementar, quando necessário, para remover o excesso de fosfatos e substâncias azotadas por precipitação com cal ou alúmen de potássio e filtrado através de filtros de carvão e de areia e, finalmente, limpo e depurado por cloração, fornecendo finalmente água potável. Com base nos vários compostos presentes nos resíduos aquosos, como os compostos fenólicos, estes são removidos por adsorção ou carvão ativado. A utilização de bactérias imobilizadas para tratamento é a nova abordagem para a remoção de substâncias tóxicas ou poluentes. As bactérias imobilizadas em material imobilizador podem ser utilizadas repetidamente durante um longo período para o tratamento de águas residuais. Do mesmo modo, o método de bio sorção para a remoção de metais por bio remoção pode ser aplicado utilizando bio absorventes como bactérias, fungos, micro algas, partes de plantas como folhas, raízes, etc., com afinidade para metais.

Para tratar efluentes de fábricas de papel, da indústria petrolífera ou de derrames de petróleo, são utilizados vários micróbios para a sua biodegradação, tais como organismos potenciais isolados ou OGM (organismos geneticamente modificados ou artificiais), como Pseudomonas, cianobactérias, Corynebacteria, Thiobacillus ferroxidans. Além disso, os compostos que não estão presentes na natureza, mas que são xenobióticos produzidos sinteticamente, são também degradados por biota específica em materiais ou produtos químicos não perigosos ou não tóxicos. Ultimamente, têm sido desenvolvidos biossensores para detetar poluentes e agentes patogénicos aplicáveis à análise nos domínios alimentar, clínico e ambiental. A biorremediação de vários compostos para desintoxicação de poluentes no ambiente também é realizada por acções microbianas. A bioaumentação através da adição de bactérias bio-remediadoras também ajuda no processo de limpeza ambiental dos poluentes.

Quanto a aplicação da biotecnologia no domínio do ambiente, pode também ser utilizada para isolar, melhorar e desenvolver organismos de biolixiviação para recuperar minerais de fontes bloqueadas, como as rochas. A tecnologia de recombinação e a manipulação de genes são muito úteis neste domínio. A fusão de protoplastos ajuda a desenvolver microrganismos novos e inovadores para este fim. Os compostos xenobióticos podem ser degradados por estes organismos, pelo que foram desenvolvidos para eliminar materiais tóxicos e não tóxicos do ambiente.

Quanto aos resíduos domésticos e industriais, incluindo resíduos vegetais e animais, podem ser utilizados para obter composto através da decomposição por micróbios para obter um produto orgânico estável. Sob humidade, ventilação e temperatura controladas. O material de compostagem contém organismos mesófilos como bactérias Clostridium, Bacillus, Pseudomonas, fungos como Aspergillus, Trichoderma, Rhizopus, Actinomicetos como Nocardia, bactérias, fungos e actinomicetos termófilos, protozoários, ácaros, nemátodos, micro invertebrados, macroinvertebrados e predadores como formigas e minhocas. Na compostagem em janela, o oxigénio é disponibilizado através do arejamento e da agitação, que são parâmetros-chave para além da temperatura ambiente. Estas condições podem ser controladas se a compostagem for efectuada em contentores biológicos.

Quando é necessária a biorremediação de um local contaminado, são utilizados produtos biológicos, tais como microrganismos, para tratar in situ contaminantes orgânicos ou inorgânicos ou substâncias tóxicas presentes no ambiente, o que leva à limpeza de substâncias tóxicas, incluindo derrames de petróleo, para resolver o problema da poluição com a ajuda de organismos selecionados ou artificiais. Isto é verdade mesmo quando se trata de pesticidas e outras substâncias orgânicas tóxicas. Durante o processo de extração mineira, também ocorre lixiviação de metais na água ou no ambiente circundante. Por isso, a lixiviação microbiana é efectuada com a ajuda de organismos lixiviantes, como os oxidantes de sulfato, várias espécies de Thiobacillus e sulfolobus. A biocsufurização do carvão é igualmente efectuada por micróbios. O enxofre produzido é responsável pela produção de ácido sulfúrico que lixivia os metais para obter carvão com menor teor de metal e enxofre.

Da mesma forma, muitos materiais sintéticos que são geralmente recirculados na natureza, como os plásticos, precisam de ser degradados por organismos capazes, isolados ou desenvolvidos, ou, em alternativa, produzir plásticos fotodegradáveis ou biodegradáveis para salvar o ambiente da poluição. Os resíduos de metais, como o mercúrio e o crómio, são tratados com micróbios da substância.

A utilização de micróbios geneticamente modificados em aplicações ambientais está a atrair a atenção para a resolução de problemas ambientais. Embora a segurança dos OGM seja motivo de preocupação, as caraterísticas autodestrutivas destes organismos estão previstas para garantir a segurança. Assim, perdem a multiplicação no ambiente e são eliminados após a sua eliminação. Em alternativa, estes podem ser removidos por vários métodos de remoção após a utilização, juntamente com a regulamentação da aplicação de OGM, como a EPA (Agência de Proteção Ambiental dos EUA), a Lei da Política Ambiental Natural, a Lei de Quarentena de Plantas NEPA, etc.

1.5 Biodegradação de corantes num sistema anaeróbio-aeróbio

A cor é o poluente prioritário. A complexidade da estrutura dos corantes e o vasto espetro de corantes fabricados tornam a remoção completa da cor uma tarefa difícil. A remoção da cor tornou-se uma área importante de investigação, uma vez que a cor residual e os seus subprodutos persistem nos efluentes após os métodos convencionais de tratamento de águas residuais, que podem não cumprir os futuros critérios rigorosos de qualidade da água para descarga. Os corantes azóicos representam a maioria de todos os corantes têxteis produzidos e têm sido os corantes sintéticos mais utilizados nas indústrias têxtil, alimentar, do papel, da impressão de papel a cores, do couro e cosmética.

A indústria têxtil e as suas águas residuais têm vindo a aumentar proporcionalmente, tornando-se uma das principais fontes de graves problemas de poluição a nível mundial. Os poluentes dos efluentes do processamento a húmido de têxteis têm afetado o sistema de águas subterrâneas, afectando assim a produção agrícola nas áreas a jusante ao reduzir a fertilidade do solo. A extensão dos riscos para a saúde pública causados pela contaminação das águas subterrâneas e o impacto na fertilidade do solo através da cadeia alimentar são certamente desconhecidos. Em particular, a libertação de efluentes coloridos no ambiente é indesejável, não só devido à sua cor, mas também porque muitos corantes e os seus produtos de degradação são cancerígenos ou tóxicos para a vida aquática.

As técnicas físico-químicas de remoção de corantes parecem enfrentar várias limitações técnicas e económicas. Por outro lado, os métodos biológicos, como o processo de lamas activadas e o tratamento anaeróbio, têm sido aplicados para controlar a poluição do ambiente aquático.

A metodologia analítica é adoptada para a análise físico-química de amostras ambientais, medição de parâmetros relevantes para o estudo. Os métodos instrumentais utilizados incluem espetrofotómetro UV-vis, HPLC, termociclador (PCR), gelelectroforese e gel-documentação e analisador de carbono orgânico total. Os procedimentos experimentais utilizados, a descrição dos métodos utilizados para ajustar os dados e interpretar os resultados também estão disponíveis. Os pormenores do biorreactor à escala laboratorial e a otimização das condições utilizadas nas experiências de descoloração e degradação foram descritos por muitos em pormenor.

Atualmente, não existe um tratamento único e economicamente atrativo que possa degradar os corantes. O tratamento combinado anaeróbio-aeróbio em duas fases pode ser promissor como método para remover completamente os corantes azóicos das águas residuais.

1.6 Referências selecionadas

A.P.H. A. (1975). Associação Americana de Saúde Pública. Standard Methods for the examination of Water and Waste Water 14thEd. Nova Iorque.

Annadurai, G, Rajesh Babu, S., ShivaKumar, P. e Murugason, T. (2000).Degradação de fenol por uma cultura mista de Pseudomonas Putida (NICM 2174) e Pseudomonas pictorum (NICM 2174) absorvida em quitosano. Indian j. of Environmental protection 7-493-498.

Bagde, U. S. e Varma, A.K. (1993).Impacto dos factores ambientais nas cianobactérias aquáticas. Tendências actuais em Limnologia, 2, 19.

Bagde, U. S. e Verma, A.K. (1991). Interação entre bactérias coliformes e o seu ambiente aquático. Tendências actuais em Limnologia, 1, 105-112.

Bagde, U. S., Khan, A. M. e Verma, A.K. (1982 b). Influência de factores físico-químicos sobre as bactérias coliformes num sistema fechado de água lacustre. Int. J. Envir. Studies (England) 18. 237-24.

Carliell, C. M., Barclay, S. J., Naidoo, N., Buckley, C. A., Mulholland, D. A., Senior, E. (1995). Microbial decolorization of a reactive azo dye under anaerobic conditions, Water SA., 21 (1), 61-69.

Clark, H. F. and Kabler, P. W. (1964).Revaluation of the significance of the coliform bacteria. J. AM. Wat, Work. Assoc.46, (7), 931-936.

Cohen, J. L. e Shurali, H. I. (1973). Coliformes, coliformes fecais e estreptococos fecais como indicadores de poluição da água. Water, Air, Soil Pollution 2, 85-96.

Craun, G. F. Mc Cabe, L. J., e Hunghes, J. M. (1976). Surtos de doenças transmitidas pela água nos EUA -1971-74. J. Am. Wat. Wks. Ass. 8,420-424.

Dafle, N., Rao, N. Meshram S., Wate, S. (2008a). Descoloração de corantes azóicos e águas residuais de banho de tintura estimuladas usando consórcio microbiano aclimatado - bioestimulação e halotoerância. Bio resource Technol, 99, 2552-2558.

Grabow, W. O. K., Prozeshy, O.W. e Smith, L. S. (1974). Drug resistant coliforms call for a review of water quality standards. Wat. Res. 8, 1-9.

Loutit, M. W. e Miles, J. A. R. (1978). Microbial Ecology, Proceedings in Life Sciences. Springer-Verlag, Berlim Heidelberg, Nova Iorque 11, 1-99.

Sinhal, P. K., Hasija, S. K. e Agarwal, G. P. (1991), Microbial Degradation of LIgno cellulosic Biomass in aquatic environments. Implicações na qualidade da água e na utilização de recursos. Tendências actuais em Limnologia 1, 37-46.

W.H. O. (1963). International Standard of Drinking Water, 2nd Ed. Genebra, Suíça.

Capítulo 2:
Papel dos micróbios na reciclagem de elementos no ambiente natural

2.1 Introdução

Várias actividades da indústria, da população e da urbanização geram materiais orgânicos e produtos químicos recalcitrantes em grandes quantidades que não são facilmente transformados através dos ciclos geoquímicos naturais se forem eliminados sem tratamento, uma vez que muitos compostos sintéticos como os plásticos, os pesticidas e os produtos petrolíferos podem não ser degradados pela flora microbiana existente ou são pouco degradados na natureza. Por conseguinte, as águas residuais, os resíduos, as lamas e os sólidos têm de ser tratados por meios e métodos físicos, químicos e biológicos antes de serem eliminados no ambiente, sendo depois reciclados pela ação microbiana e entrando nos ciclos dos elementos.

O ambiente é dominado por uma mistura reactiva de compostos de carbono, hidrogénio, fósforo e enxofre, todos em constante síntese, decomposição, transformação, ciclagem e reciclagem. É deste equilíbrio dinâmico que depende o sucesso ou o fracasso dos ecossistemas ambientais.

A função dos microrganismos nestes processos inclui a fixação, assimilação e degradação de resíduos orgânicos para libertar nutrientes numa forma adequada para serem absorvidos e utilizados por plantas, animais e outros microrganismos. A mineralização é um passo fundamental na reciclagem de elementos na natureza. A mineralização natural da matéria orgânica foi denominada infalibilidade microbiana, uma vez que, em grande medida, as substâncias orgânicas produzidas pelo homem também são degradadas por microrganismos. No entanto, alguns produtos químicos e complexos sintéticos produzidos pelo homem parecem ser resistentes à decomposição biológica e não biológica, o que resulta não só na imobilização de elementos, mas também na acumulação de toxinas.

Existe um forte sentimento de que a perturbação dos ciclos biológicos induzida pelos poluentes pode conduzir a danos irreversíveis para o ambiente. No entanto, observa-se que os ecossistemas têm, em maior medida, capacidade de absorção de choques para evitar a deslocação permanente do seu equilíbrio.

Existem cerca de noventa elementos na natureza, dos quais quase metade são essenciais para os micróbios, os animais e as plantas. No entanto, se estiverem presentes em excesso, vários deles são tóxicos e conduzem à poluição do ambiente. As fontes destes poluentes incluem resíduos industriais, resíduos domésticos ou consumíveis, metais tóxicos como o chumbo, o crómio, o mercúrio, etc., que representam um perigo para o ambiente. Ultimamente, a deterioração do ambiente é uma questão bastante preocupante que exige atenção.

Para além de os microrganismos desempenharem um papel nas doenças, em várias fermentações e na produção de muitos produtos, como os antibióticos de uso humano, os micróbios são também responsáveis pelo transporte de ciclos de elementos na natureza, libertando assim elementos complexos de novo na natureza. Os dois grandes cientistas Winogradsky e Beijerinck são responsáveis pela revelação destes papéis dos organismos na natureza. Existem ciclos de elementos como o ciclo do azoto, o ciclo do enxofre, o ciclo do fósforo e o ciclo do carbono que são executados por vários organismos em muitas etapas, cada etapa é única e pode ser executada por vários tipos específicos de micróbios. Alguns estão envolvidos na fertilidade do solo, bem como na associação com plantas, fornecendo assim nutrientes para apoiar o seu crescimento numa associação simbiótica. Os micróbios envolvidos nos ciclos dos elementos podem libertar elementos sequestrados na natureza sob forma livre para serem novamente complexados numa nova forma e este ciclo continua para sempre.

Um ciclo biogeoquímico é uma via pela qual um elemento químico se move através de componentes bióticos e abióticos na natureza. A circulação de substâncias químicas como o carbono, o oxigénio, o azoto, o fósforo, etc., através do mundo biológico e físico, são ciclos biogeoquímicos em que o elemento é reciclado por movimentos de substâncias no globo, mantendo assim o equilíbrio na natureza. Para além de desempenharem um papel na manutenção da fertilidade do solo, na produção de culturas e na produção industrial, os micróbios desempenham um papel no ciclo dos nutrientes na natureza.

2.2 Papel dos micróbios no ciclo do azoto

No ciclo do azoto, o azoto é convertido nas suas várias formas químicas. Esta transformação pode ser efectuada através de processos biológicos e físicos. O ciclo do azoto inclui a fixação do azoto, a amonificação, a nitrificação e a desnitrificação. Na atmosfera, 78% é azoto. Mas este não está biologicamente disponível para utilização. Actividades como a combustão de combustíveis fósseis e a utilização de azoto para fertilizantes alteraram consideravelmente o ciclo do azoto.

Para todas as formas de vida, o azoto é necessário. É um componente dos aminoácidos, das proteínas e das bases dos ácidos nucleicos - ARN e ADN. O azoto gasoso é o maior constituinte da atmosfera, mas esta forma não é utilizável pelas plantas. É necessário converter o azoto gasoso em compostos como o nitrato ou o amoníaco, que podem ser utilizados pelas plantas. Na composição das bactérias, o azoto é cerca de 14%.

no ambiente O azoto está presente sob diversas formas, como o azoto gasoso (N_2), o amónio (NH_4^+), o nitrito (NO_2^-), o nitrato (NO_3^-), o óxido nitroso (N_2O), o óxido nítrico (NO) ou o azoto orgânico, que pode estar presente sob a forma de um organismo vivo, de húmus ou de produtos da matéria orgânica. O ciclo do azoto transforma o azoto de uma forma para outra. Estes processos são efectuados principalmente por microorganismos.

O azoto em forma gasosa precisa de ser fixado, na forma em que é utilizado pelas plantas. Embora ocorra alguma fixação nos raios, a maior parte da fixação do azoto é feita por bactérias de vida livre ou simbióticas, diazotróficas que possuem a enzima nitrogenase, que combina o azoto gasoso com o hidrogénio para produzir amoníaco, a ser convertido noutros compostos orgânicos. No entanto, cerca de 30% do azoto total fixado é atualmente produzido industrialmente através do processo Haber-Bosch, que utiliza temperaturas e pressões elevadas para converter o azoto gasoso e o hidrogénio em amoníaco. As formas de azoto, como os iões nitrato, os iões nitrito ou os iões amónio, são absorvidas pelas plantas através das raízes. Os animais obtêm o seu azoto principalmente através da ingestão de plantas. O nitrato é reduzido a iões de nitrito e depois a iões de amónio para ser incorporado em aminoácidos, ácidos nucleicos e clorofila. Nas plantas que têm uma relação simbiótica com rizóbios, algum azoto é assimilado sob a forma de iões de amónio diretamente dos nódulos. Muitos animais, fungos e outros organismos heterotróficos obtêm azoto através da ingestão de aminoácidos, nucleótidos e outras pequenas moléculas orgânicas. Outros heterotróficos (incluindo muitas bactérias) são capazes de utilizar compostos inorgânicos, como o amónio, como única fonte de azoto. Após a morte de uma planta ou animal, o azoto inicial encontra-se na forma orgânica. As bactérias ou fungos convertem o azoto orgânico contido nos restos mortais em amónio (NH_4^+), um processo designado por amonificação ou mineralização. A conversão do amoníaco em nitrato é efectuada por bactérias nitrificantes. A nitrificação, a oxidação do amónio (NH_4^+) é realizada por espécies bacterianas de *Nitrosomonas*, que convertem o amoníaco em nitritos (NO_2^-), enquanto as espécies de *Nitrobacter* realizam a oxidação dos nitritos em nitratos

(NO_3^-).

A desnitrificação é a redução dos nitratos em azoto gasoso (N_2), completando assim o ciclo do azoto. Este processo é realizado por espécies bacterianas como *Pseudomonas* e *Clostridium*. A oxidação *anaeróbia* do amoníaco é o processo biológico em que o nitrito e o amoníaco são convertidos diretamente em azoto molecular (N_2) gasoso.

Enquanto as bactérias fixadoras de N_2 fixam o azoto, as micorrizas transportam o azoto para outras plantas, desempenhando assim um papel no ciclo do azoto. O azoto fixado pelas bactérias nas plantas é disponibilizado às plantas não fixadoras de azoto pelas micorrizas através do transporte. O azoto é fixado em associação com as plantas por bactérias simbióticas Rhizobium, actinomicetas, enquanto que as não simbióticas. Bactérias não fotossintéticas como Azotobacter, Azospirillum, Clastridium fixam o azoto em condições de vida livre no solo. As bactérias fotossintéticas Chromatium e as cianobactérias Nostoc e Anabaena são também fixadoras de azoto em condições simbióticas ou não simbióticas. Recentemente, foram introduzidos nas plantas genes nif fixadores de azoto através da tecnologia do ADN recombinante. Observa-se que as leveduras candidatas, como a Rhodotorula e a Pulluloria, também podem fixar azoto. A oxidação do amónio em nitrato é efectuada por organismos nitrificantes.

Os fungos micorrízicos podem absorver e utilizar, bem como transportar o azoto orgânico, tal como os aminoácidos, para a planta hospedeira ou para uma planta adjacente não fixadora de azoto através da estrutura micelial. As cianobactérias, para além de segregarem vitaminas e auxinas promotoras de crescimento e de mobilizarem fosfato, também adicionam azoto através da fixação.

As cianobactérias não-heterocíticas protegem a sua enzima nitrogenase sintetizando-a no local onde prevalecem as condições microaerofílicas ou sintetizam a enzima quando não há fotossíntese.

2.3 Papel dos micróbios no ciclo do enxofre

No processo do ciclo do enxofre, o enxofre move-se de e para os minerais e sistemas vivos. Como o enxofre é um elemento essencial, sendo um constituinte de muitas proteínas e cofactores, o ciclo biogeoquímico do enxofre é importante para a vida.

O ciclo do enxofre envolve a mineralização do enxofre orgânico em formas inorgânicas, como o sulfureto de hidrogénio (H_2 S), o enxofre elementar, bem como os minerais de sulfureto. A decomposição de grandes compostos orgânicos de enxofre em unidades mais pequenas e a sua conversão em compostos inorgânicos, como os sulfatos, é realizada pelos microrganismos.

Envolve a oxidação de sulfureto de hidrogénio, sulfureto e enxofre elementar (S) a sulfato (SO_4^{2-}), a redução de sulfato a sulfureto e a incorporação de sulfureto em compostos orgânicos. A oxidação do enxofre elementar e dos compostos inorgânicos de enxofre (como o H2S, o sulfito e o tiossulfato) em sulfato (SO4) é provocada por bactérias quimioautotróficas e fotossintéticas.

Os membros do género *Thiobacillus*, que são organismos quimiolitotróficos obrigatórios, não fotossintéticos, que incluem *T. ferrooxidans* e *T. thiooxidans, são* os principais organismos envolvidos na oxidação do enxofre elementar em sulfatos. Trata-se de autótrofos aeróbios, não filamentosos e quimiossintéticos. Para além de *Thiobacillus*, bactérias heterotróficas como *Bacillus*, *Pseudomonas* e *Arthrobacter* e fungos como *Aspergillus*, *Penicillium* e alguns actinomicetos também oxidam compostos de enxofre. Fotolitotróficos, bactérias verdes e púrpuras como *Chlorbium*, *Chromatium*. *Rhodopseudomonas* também oxidam o enxofre.

Em condições anaeróbias, o H2S pode também acumular-se durante a redução de sulfatos, que podem ser oxidados a sulfatos em condições aeróbias. Bactérias como Proteus, Campylobacter, Pseudomonas e Salmonella podem reduzir o enxofre.

No solo, o enxofre está na forma orgânica, como o enxofre que contém aminoácidos - cistina, metionina, proteínas, polipéptidos, biotina, tiamina, que é metabolizado pelos microrganismos do solo para o tornar disponível numa forma inorgânica, como enxofre, sulfatos, sulfito, tiossulfato, para a nutrição das plantas.

O sulfato presente no solo é assimilado pelas plantas e microrganismos e incorporado nas proteínas. Este processo é conhecido como "redução assimilatória do sulfato" O sulfato pode ser reduzido a sulfureto de hidrogénio (H2S) por bactérias redutoras de sulfato (por exemplo, *Desulfovibrio* e *Desulfatomaculum*) e pode diminuir a disponibilidade de enxofre para a nutrição das plantas.

Na redução assimilativa do sulfato, o sulfato (SO_4^{2-}) é reduzido por plantas, fungos e vários procariotas. Os estados de oxidação do enxofre são +6 no sulfato e -2 no R-SH. Na *dessulfuração*, as moléculas orgânicas que contêm enxofre podem ser dessulfuradas, produzindo gás sulfídrico (H_2 S). Um processo análogo para os compostos orgânicos de azoto é a desaminação. *A oxidação do sulfureto de hidrogénio* produz enxofre elementar. Esta reação ocorre nas bactérias fotossintéticas verdes e púrpuras do enxofre e em alguns quimiolitotróficos. A oxidação do enxofre elementar por oxidantes de enxofre produz sulfato. Na redução *dissimilativa* do enxofre, o enxofre elementar pode ser reduzido a sulfureto de hidrogénio. No processo dissimilativo de redução *do* enxofre, envolvendo bactérias do género Desulfuromonas, a oxidação do acetato está ligada à redução do enxofre elementar.

O sulfureto de hidrogénio produzido pela redução do sulfato e pela decomposição de aminoácidos contendo enxofre é posteriormente oxidado por algumas espécies de bactérias fototróficas verdes e púrpuras, como *Chlorobium* e *Chromatium, para* libertar enxofre elementar.

Os géneros de bactérias redutoras de sulfato predominantes no solo são o *Desulfovibrio, o Desulfatomaculum e o Desulfomonas*. Todos são anaeróbios obrigatórios. Entre estas espécies, *as Desulfovibrio desulfuricans são* as mais ubíquas, não formadoras de esporos, anaeróbias obrigatórias que reduzem os sulfatos a um ritmo rápido em solos inundados. Enquanto as espécies de *Desulfatomaculum* formam esporos, são anaeróbios termófilos obrigatórios que reduzem os sulfatos em solos secos. Todas as bactérias redutoras de sulfato excretam uma enzima denominada dessulfurases ou bissulfato redutase.

As actividades humanas têm um efeito importante no ciclo global do enxofre. A queima de carvão, gás natural e outros combustíveis fósseis aumentou muito a quantidade de S na atmosfera e nos oceanos e esgotou o sumidouro de rochas sedimentares. Sem o impacto humano, o enxofre permaneceria preso nas rochas durante milhões de anos, até ser elevado por eventos tectónicos e depois libertado através de processos de erosão e meteorização. Em vez disso, está a ser perfurado, bombeado e queimado a um ritmo cada vez maior.

O enxofre encontra-se em estados de oxidação que variam de +6 no SO_4^{2-} a -2 nos sulfuretos. Assim, o enxofre elementar pode dar ou receber electrões, dependendo do seu ambiente. Minerais como a pirite (FeS_2) constituem a reserva original de enxofre na Terra. Devido ao ciclo do enxofre, a quantidade de enxofre móvel tem vindo a aumentar continuamente através da atividade vulcânica e da meteorização da crosta numa atmosfera oxigenada. O principal sumidouro de enxofre da Terra são os oceanos como SO_2 , onde é o principal agente oxidante.

Quando o SO_4^{2-} é assimilado pelos organismos, é reduzido e convertido em enxofre orgânico, que é um componente essencial das proteínas. No entanto, a biosfera não actua como um grande sumidouro de enxofre, pelo contrário, a maior parte do enxofre encontra-se na água do mar ou em rochas sedimentares, especialmente xistos ricos em pirite e rochas evaporíticas.

As bactérias do ciclo do enxofre, em particular as bactérias redutoras de sulfato e as bactérias oxidantes de sulfureto, são de enorme importância do ponto de vista industrial e ambiental. O enxofre é um exemplo de um elemento cuja transformação e destino no ambiente dependem criticamente das actividades microbianas. As bactérias redutoras de sulfato podem desempenhar um papel fundamental no tratamento da drenagem ácida de minas, um importante desafio ambiental enfrentado pela indústria mineira. A bio-oxidação de sulfureto e de compostos intermediários de enxofre efectuada por bactérias oxidantes de sulfureto é crucial no bio-tratamento da drenagem ácida de minas e na bio-lixiviação de minerais refractários.

Os procariotas oxidantes de enxofre são frequentemente termófilos que se encontram em nascentes quentes (vulcânicas) e perto de fontes termais em águas profundas ricas em H2S. Podem também ser acidófilos, uma vez que acidificam o seu próprio ambiente através da produção de ácido sulfúrico.

Uma vez que o SO_4 e o S podem ser utilizados como aceptores de electrões para a respiração, as bactérias redutoras de sulfato produzem H_2 S durante um processo de respiração anaeróbia análogo à desnitrificação.

O sulfureto de hidrogénio pode também ser oxidado a sulfato fotossinteticamente pelas bactérias Chromtiacceae e Chlorobiaceae.

A utilização de SO_4 como acetor de electrões é um processo obrigatório que ocorre apenas em ambientes anaeróbios. O processo resulta no odor caraterístico de H_2 S em pântanos, solos e sedimentos anaeróbios onde ocorre.

O enxofre é assimilado por bactérias e plantas como SO_4 para utilização e redução a sulfureto. Os animais e as bactérias podem remover o grupo sulfídrico das proteínas como fonte de S durante a decomposição. A morte das plantas e dos animais permite a decomposição bacteriana das proteínas presentes nos restos mortais, produzindo sulfureto de hidrogénio e outros produtos, em processos que envolvem muitos fungos, actinomicetos e bactérias, como o heterótrofo Proteus vulgaris, que completam o ciclo do enxofre.

2.4 Impacto microbiano no ciclo do fósforo

O ciclo biogeoquímico do fósforo é o movimento do fósforo através da litosfera, hidrosfera e biosfera. A produção de gás fosfina ocorre apenas em condições locais especializadas. O fósforo (P) torna-se gradualmente menos disponível para as plantas porque se perde lentamente no escoamento superficial. A baixa concentração de P nos solos reduz o crescimento das plantas e o crescimento microbiano do solo. Os microrganismos do solo actuam como sumidouros e fontes de P disponível no ciclo biogeoquímico. As transformações do P são químicas, biológicas e microbiológicas. O transporte de minerais de P e a utilização de fertilizantes com P, bem como o transporte de alimentos das explorações agrícolas, provocaram alterações no ciclo global do P, uma vez que este se perde sob a forma de efluentes.

O fósforo é um elemento químico que se encontra na Terra em numerosas formas compostas, como o ião fosfato (PO_4^{3-}), localizado na água, no solo e nos sedimentos. As quantidades de fósforo no solo são geralmente pequenas, o que limita frequentemente o crescimento das plantas. É por isso que se aplicam frequentemente adubos fosfatados nas terras agrícolas. Os animais ingerem fosfatos ao comerem plantas ou animais que comem plantas.

A interferência do Homem no ciclo do fósforo ocorre através da utilização excessiva ou descuidada de fertilizantes fosfatados. Isto resulta no aumento das quantidades de fósforo como poluentes nas massas de água, resultando em eutrofização. Isto devasta os ecossistemas aquáticos.

A importância biológica dos fosfatos é como componente dos nucleótidos, que servem de armazenamento de energia nas células (ATP) ou quando ligados entre si formam os ácidos nucleicos ADN e ARN. A dupla hélice do ADN é a ponte de ésteres de fosfato que une a hélice. O fósforo encontra-se também no osso e no esmalte dos dentes dos mamíferos.

O fósforo é o elemento mais abundante no solo e no ciclo elementar e é um elemento essencial para o crescimento das plantas, bem como de outros organismos vivos. O fosfato é a forma comum de fósforo e a forma orgânica no solo. A forma orgânica é convertida em forma inorgânica pelos microrganismos do solo. No ciclo do fósforo, há uma mudança da forma orgânica para a inorgânica. O ácido bacteriano de bactérias como a Thiobacillus é responsável pela solubilização do fosfato de rocha insolúvel. Os depósitos de fósforo nos sedimentos do mar são reciclados pelo processo de extração mineira. Os peixes também acumulam fosfato que é reciclado pelas aves ao comê-los. O fósforo na forma orgânica é mineralizado pela microflora do solo e é utilizado pelas plantas. Também faz parte das proteínas, incluindo as nucleoproteínas.

O fósforo presente intracelularmente nas bactérias sob a forma de armazenamento deve-se à remoção do ambiente por bactérias acumuladoras de fosfato, como Aeromonas, Arthrobacteria, Achromobactor e Acinetobacter e Pseudomonas spp. que utilizam a energia libertada pela despolimerização do polifosfato para converter os ácidos gordos em poli-B-hidroxialcanoatos (PHA), como o poli-B-hidroxibutrato (PHB). As bactérias, através da despolimerização, libertam fósforo e o PHB é utilizado para gerar energia para o crescimento e a acumulação de polifosfatos.

O fósforo é retirado pelo micélio micorrízico do solo por absorção e translocado para as raízes das plantas. O influxo de fósforo nas raízes micorrizadas é 3-4 vezes superior ao das raízes não infectadas com micorrizas. A micorriza pode intemperizar o fósforo da argila e torná-lo disponível para as plantas por redistribuição.

O ciclo do fósforo é comparativamente simples. O fosfato inorgânico existe apenas numa forma. É interconvertido de uma forma inorgânica para uma forma orgânica e vice-versa, não existindo qualquer intermediário gasoso.

O ciclo do fósforo difere dos outros ciclos biogeoquímicos principais pelo facto de não incluir uma fase gasosa; embora pequenas quantidades de ácido fosfórico (H3PO4) possam entrar na atmosfera, contribuindo - em alguns casos - para a chuva ácida. Os ciclos da água, do carbono, do azoto e do enxofre incluem todos pelo menos uma fase em que o elemento se encontra no estado gasoso.

A maioria das transformações do fósforo é mediada por microrganismos que envolvem a mineralização de fosfatos orgânicos em fosfatos inorgânicos, um processo de decomposição ou a conversão de formas insolúveis e imobilizadas de fosfato terciário em fosfatos primários solúveis e móveis que são mais facilmente utilizados pelos organismos. Algumas transformações microbianas incluem a mineralização de *fosfato* orgânico em *fosfato inorgânico*, envolvendo processos catalisados por enzimas *fosfatases*, que estão especificamente envolvidas nesta conversão. Muitos microrganismos produzem estas enzimas. Além disso, algumas bactérias e fungos produzem *fitase*, uma enzima que liberta fosfato inorgânico solúvel a partir de *ácido fítico* orgânico como o inositol hexafosfato. Os microrganismos heterotróficos são também capazes de solubilizar fosfatos combinados com cálcio ou magnésio. Estas formas solúveis podem agora ser prontamente absorvidas pelas plantas, algas, cianobactérias e bactérias autotróficas e assimiladas em componentes celulares orgânicos como o ADN, ARN, ATP, etc.

O fósforo é um elemento essencial nos sistemas biológicos porque é um constituinte dos ácidos nucleicos (ADN e ARN) e está presente nos fosfolípidos das membranas celulares. O fosfato é também um constituinte do ADP e do ATP, que estão universalmente envolvidos na troca de energia nos sistemas biológicos.

O maior reservatório de fósforo encontra-se nas rochas sedimentares, onde se inicia o ciclo do fósforo. Quando chove, os fosfatos são removidos das rochas (através da meteorização) e são distribuídos pelos solos e pela água. As plantas absorvem os iões de fosfato do solo. Os fosfatos passam então das plantas para os animais quando os herbívoros comem as plantas e os carnívoros comem as plantas ou os herbívoros. Os fosfatos absorvidos pelos tecidos animais através do consumo acabam por regressar ao solo através da excreção de urina e fezes, bem como da decomposição final de plantas e animais após a morte.

O fosfato dissolvido (PO_4) acaba inevitavelmente nos oceanos. É devolvido à terra por animais costeiros e aves que se alimentam de criaturas marinhas que contêm fósforo e depois depositam as suas fezes em terra. O PO_4 dissolvido é também devolvido à terra por um processo geológico, a elevação dos fundos oceânicos para formar massas de terra, mas o processo é muito lento. No entanto, o PO_4 é reciclado entre grupos de organismos terrestres.

2.5 Papel dos micróbios no ciclo do carbono

O carbono é o principal constituinte de todas as células vivas das plantas, animais, seres humanos e também dos microrganismos. As bactérias contêm 50% de carbono. Este é transformado de forma orgânica em inorgânica, de formas bióticas em formas abióticas, o que constitui um ciclo de carbono. O carbono está presente na natureza sob a forma de dióxido de carbono e está presente em cerca de 0,03% no ar. É fixado pelas bactérias através da fotossíntese com a ajuda de várias enzimas e é convertido em hidratos de carbono. As bactérias autotróficas utilizam o dióxido de carbono como única fonte de carbono, enquanto que os organismos heterotróficos utilizam a fixação de carbono. As bactérias fotossintéticas reduzem o dióxido de carbono a hidratos de carbono através de mecanismos semelhantes aos da fotossíntese das plantas. Assim, o dióxido de carbono é sequestrado em formas orgânicas complexas, como celulose, amido, pectina, lignina, hemicelulose, aminoácidos, açúcares, proteínas, óleos e gorduras, etc., nas plantas e nos microrganismos, em vários constituintes do corpo.

Os compostos de carbono complexos, incluindo os resíduos de plantas no solo, são atacados pela microflora do solo. Os hidratos de carbono, como a celulose, são atacados por bactérias como Cellulomonas, Pseudomonas, Cytophaga, Streptomyces, Nocordia e fungos como Aspergillus,

Rhizopus, Trichoderma, Fusarium, etc. A lenhina é atacada por bactérias Xanthomonas, Arthrobacter, Micrococcus e fungos como Pleurotus, Polyporous, etc. Também o amido e a pectina são degradados pelos micróbios do solo. A hemicelulose pode ser degradada por bactérias Streptomyces, Pseudomonas, Sporocytophaga e fungos como Penicillium, Fusarium e Trichoderma, etc.

O ciclo do carbono é um ciclo essencialmente biológico. O carbono está presente principalmente sob a forma orgânica na celulose das plantas, nos amidos, nas gorduras animais e nas proteínas, que são transformados a partir do dióxido de carbono presente no ambiente através de vários processos, incluindo a fotossíntese por bactérias autotróficas fotossintéticas, plantas e cianobactérias que utilizam a luz solar como fonte de energia. Esta forma orgânica derivada do dióxido de carbono é sequestrada até ser libertada de novo. Também as bactérias quimioautotróficas convertem o dióxido de carbono em hidratos de carbono. Quando os quimio-heterotróficos, incluindo os animais e os animais inferiores, se alimentam dos autotróficos, o dióxido de carbono é libertado para a atmosfera após a sua morte. A decomposição da matéria orgânica resulta na libertação de CO2. O carvão e o petróleo contêm grandes quantidades de depósitos de carbono que são devolvidos à atmosfera através do processo de combustão. O metano do biogás, quando utilizado como combustível, também liberta carbono. O metano é também utilizado pelas bactérias metanogénicas como fonte de energia. As bactérias quimioautotróficas utilizam outras fontes de energia, para além da luz solar, como o sulfureto de hidrogénio, e fixam o dióxido de carbono sob a forma de hidratos de carbono orgânicos. Os animais metazoários e os protozoários alimentam-se de autótrofos e comem-nos, utilizando os compostos orgânicos neles armazenados como fonte de energia, libertando novamente CO2 que entra no ciclo do carbono. A decomposição do carbono orgânico devido à ação de fungos e bactérias é realizada após a morte de animais e plantas, oxidando as matérias orgânicas em dióxido de carbono que é libertado para o ciclo do carbono na atmosfera. Os depósitos de carbono sob a forma de carbonato de cálcio, como rocha ou pedra de cal, também são dissolvidos sob a forma de depósitos de carbonato nas águas, incluindo as águas do mar.

2.6 Papel dos micróbios no ciclo do oxigénio

O oxigénio é necessário a quase todos os seres vivos, mas também circula pelo ambiente. As plantas marcam o início do ciclo do oxigénio. As plantas são capazes de utilizar a energia da luz solar para converter o dióxido de carbono e a água em hidratos de carbono e oxigénio, num processo denominado fotossíntese. Os animais constituem a outra metade do ciclo do oxigénio. Nós respiramos oxigénio que utilizamos para transformar os hidratos de carbono em energia, num processo chamado respiração. Assim, o oxigénio é criado nas plantas e utilizado pelos animais. Mas o ciclo do oxigénio não é assim tão simples. As plantas têm de transformar os hidratos de carbono em energia, tal como os animais. Durante o dia, as plantas retêm um pouco do oxigénio que produziram na fotossíntese e utilizam esse oxigénio para decompor os hidratos de carbono. Mas para manter o seu metabolismo e continuar a respiração durante a noite, as plantas têm de absorver oxigénio do ar e libertar dióxido de carbono, tal como fazem os animais. O oxigénio na água é conhecido como oxigénio dissolvido ou OD. Na natureza, o oxigénio entra na água quando esta corre sobre as rochas e cria uma enorme área de superfície. A elevada área de superfície permite que o oxigénio seja transferido do ar para a água muito rapidamente.

O ciclo do oxigénio é o ciclo biogeoquímico que descreve o movimento do oxigénio nos seus três principais reservatórios: a atmosfera (ar), o conteúdo total de matéria biológica na biosfera (a soma global de todos os ecossistemas) e a litosfera (crosta terrestre). O principal fator impulsionador do ciclo do oxigénio é a fotossíntese, que é responsável pela atmosfera terrestre moderna e pela vida na Terra. O maior reservatório de oxigénio da Terra encontra-se, de longe, nos minerais de silicato e óxido da crosta e do manto (99,5%). Apenas uma pequena parte foi libertada sob a forma de oxigénio livre para a biosfera (0,01%) e para a atmosfera (0,36%). A principal fonte de oxigénio livre atmosférico é a fotossíntese, que produz açúcares e oxigénio livre a partir do dióxido de carbono e da água.

Os organismos fotossintetizantes incluem a vida vegetal das áreas terrestres, bem como o fitoplâncton dos oceanos. A minúscula cianobactéria marinha Prochlorococcus foi descoberta em 1986 e é responsável por mais de metade da fotossíntese do oceano aberto.

Uma fonte adicional de oxigénio livre atmosférico provém da fotólise, através da qual a radiação ultravioleta de alta energia decompõe a água atmosférica e o óxido nitroso em átomos componentes. Os átomos de H e N livres escapam para o espaço, deixando o O_2 na atmosfera

A principal forma de perda de oxigénio livre da atmosfera é através da respiração e da decomposição, mecanismos em que a vida animal e as bactérias consomem oxigénio e libertam dióxido de carbono.

A litosfera também consome oxigénio livre através da meteorização química e de reacções superficiais. Um exemplo de intemperismo químico superficial é a formação de óxidos de ferro (ferrugem).

O oxigénio também circula entre a biosfera e a litosfera. Os organismos marinhos na biosfera criam material de concha de carbonato de cálcio ($CaCO_3$) que é rico em oxigénio. Quando o organismo morre, a sua concha é depositada no fundo do mar pouco profundo e enterrada ao longo do tempo para criar a rocha sedimentar calcária da litosfera. Os processos de meteorização iniciados por organismos também podem libertar oxigénio da litosfera. As plantas e os animais extraem minerais nutrientes das rochas e libertam oxigénio nesse processo.

A ciclagem de outros metais e elementos químicos tem lugar através de organismos como o solo, a água e o ar provenientes de várias fontes ou materiais geoquímicos através da agricultura, dos processos industriais e mineiros e dos resíduos urbanos, pesticidas e fertilizantes. Alguns metais são essenciais para o crescimento dos organismos vivos, mas os metais em excesso são-lhes tóxicos. Através de várias acções, entram nos ciclos bioquímicos para se transformarem em formas orgânicas. Se os utilizadores destes metais não estiverem disponíveis em quantidade suficiente no ambiente, eles acumulam-se no ecossistema, colocando em risco a saúde dos seres humanos. Os resíduos metálicos são também produzidos pelos efluentes das indústrias metalúrgicas e poluem o ambiente. Os efluentes que contêm metais podem conter substâncias tóxicas, incluindo iões metálicos do tipo cianeto, que representam riscos para a saúde humana e de outros organismos. Por conseguinte, os efluentes necessitam de tratamento antes da sua eliminação ou descarga através de vários métodos físico-químicos e biológicos, enquanto entram na cadeia alimentar do homem, das plantas e dos animais.

2.7 Referências selecionadas

Bagyaraj, D. J (1984). Interações biológicas com a fusão micorrízica VA. Em VA mycorrhizae. Powell, C. L e Bagyraj. D. J. (Eds) CRC press, Boca Ratan, Florida, pp 131153.

Bilton, G. (1994). Waste water Microbiology, Wiley-liss, Gainsvill NY.

Bose, P., Nagpal, Venkatraman, G. S., e Goyal, S. K (1971).Solubilização de fosfato tricálcico por algas verdes azuis actuais Science, 40, 165.

Brimblecombe, P., Hammer, C., Rodhe, H., Ryaboshapko, A., Boutron, C.F. (1989), Human Influences on the sulphur cycle. pp. 77-121. Em P. Brimblecombe e A.Y. Lein (eds.), Evolution of the Global Biogeochemical Sulphur Cycle, Wiley, New York

Cloud, P. e Gibor, A. (1970). O ciclo do oxigénio, Scientific American, setembro, S. 110-123

Glazer, A. N. e Nikado, H. (1995). Microbial Biotechnology-Fundamentals of applied Microbiology, W. H. Freeman and company New York.

Lee Yuan Kun (2006). Microbes In environmental Biotechnology. Em Microbial Biotechnology, pp. 623-701 World Scientific Singapore.

Moshrafuddin Ahmed e S. K. Basumatary (2006). Microbiologia ambiental. Em Microbiologia Aplicada. MJP Publishers. Chennai Pp. 151-158, 80-105.

Neelima Garg, M. M. e Garg, K. L. (1989).Microbial solubilization of insoluble phosphates. Em Frontiers in Applied Microbiology, K. G. Mukherjee. V. P. Singh e K.C. Garg (eds) Rastogi and Company. 30, 263-271.

Patterson, L.W. (1985). Industrial waste water Technology 2nd eds. Butterworth, Londres, Reino Unido. 115-134.

Pelczor, M. J. Jr e Reid, R. D. (1972). Microbiology. McGraw Hill Book Company, Nova Iorque.

Phamn, M., M^ler, J. F., Brasseur,G.P., Granier, C., Megie, G., 1996, a 3D study of the global sulphurcycle:contributions of anthropogenic and biogenic sources: Atmospheric Environment, vol. 30, n. 10/11, p. 1815-1822.

Stanier, R.Y., Ingrahm, J. L., Wheelis, M. L., e Painter, P.R. (1987). In general Microbiology. Quinta edição, Mcmillan Press Ltd. Londres.

Walker, J. C. G. (1980). The oxygen cycle in the natural environment and the biogeochemical cycles, Springer-Verlag, Berlim, República Federal da Alemanha (DEU).

Capítulo 3:
Parâmetros ambientais que afectam as actividades ambientais

3.1 Introdução

O ambiente é composto por muitos ecossistemas com enormes complexidades. Os componentes bióticos e abióticos dos ecossistemas estão interligados e interagem continuamente entre si. Vários factores e parâmetros do ambiente desempenham um papel na decisão das actividades que têm lugar nos ecossistemas do ambiente. Para compreender o papel de cada constituinte dos sistemas, é necessário conhecer os tipos e a variedade de factores que funcionam isoladamente e em conjunto antes de se poder observar o impacto das actividades.

De acordo com a OMS 2015, "a saúde ambiental aborda todos os factores físicos, químicos e biológicos externos a uma pessoa, bem como todos os factores relacionados que têm impacto nos comportamentos. Engloba a avaliação e o controlo dos factores ambientais que podem potencialmente afetar a saúde.

Existem limites para os factores ambientais, abaixo e acima dos quais um microrganismo não pode sobreviver e crescer, independentemente do fornecimento de nutrientes. Cada organismo tem uma temperatura, um pH, um nível de oxigénio e uma pressão hidrostática específicos para crescer. O crescimento de um microrganismo depende tanto do fornecimento de nutrientes como da sua tolerância às condições ambientais. O crescimento dos microrganismos é grandemente afetado pela natureza química e física do seu ambiente.

O crescimento microbiano é grandemente afetado pela natureza química e física do seu ambiente, em vez de variações nos níveis de nutrientes. As taxas de crescimento e morte dos microrganismos são grandemente influenciadas por vários factores ambientais. Os micróbios são vitais para os ecossistemas mundiais, sendo parte integrante dos ciclos do carbono e do azoto e afectando o crescimento e a sobrevivência das plantas. Os micróbios, como todos os outros organismos, são afectados por uma variedade de factores e desenvolveram nichos especializados.

Existem vários tipos de interações entre organismos: os aspectos positivos, negativos e neutros que cada organismo recebe como resultado da interação. Estas interações podem criar ambientes que promovem ou desencorajam o crescimento microbiano específico

Alguns ambientes microbianos são extremos para a vida. Os organismos que habitam ambientes extremos são designados extremófilos. Os microrganismos extremófilos podem ser encontrados em ambientes difíceis, como fontes termais, lagos cobertos de gelo, água salgada e em solos ou águas com pH inferior a 0 ou até 12. Estes microrganismos não podem viver sem o ambiente extremo.

Os parâmetros que afectam as alterações no ambiente são muitos e determinam o destino do ambiente, incluindo as condições nutricionais, ecológicas e fisiológicas, permitindo a sobrevivência dos microrganismos que desempenham um papel fundamental na alteração da composição ambiental, nas suas acções e interações com o meio envolvente. Entre os factores mais eficazes contam-se a temperatura, a concentração de iões de hidrogénio e a presença de água. As condições aeróbias, anaeróbias ou microaerófilas são também importantes. A pressão osmótica desempenha igualmente um papel na configuração ambiental.

A temperatura e as concentrações de oxigénio e nutrientes são variáveis importantes nos ambientes. A salinidade e a pressão também podem afetar as taxas de biodegradação em alguns ambientes aquáticos, e a humidade e o pH podem limitar a biodegradação nos solos. Os hidrocarbonetos são degradados principalmente por bactérias e fungos. A adaptação por exposição prévia das comunidades microbianas aos hidrocarbonetos aumenta as taxas de degradação dos hidrocarbonetos.

Os factores ambientais incluem todos aqueles que afectam o organismo após a conceção, independentemente de serem mediados por condições sociais e escolhas individuais ou através de meios ambientais.

3.2 Efeito da temperatura nas actividades ambientais

Observa-se que a temperatura afecta profundamente os microrganismos e as suas actividades no ambiente porque o fator mais importante que influencia o efeito é a sensibilidade à temperatura das reacções catalisadas por enzimas. Para além de um certo ponto de temperatura mais elevada, o crescimento lento tem lugar e danifica os microrganismos através da desnaturação de enzimas, transportadores e outras proteínas. A membrana plasmática também é danificada, uma vez que a bicamada lipídica simplesmente derrete e os danos são de tal ordem que não podem ser reparados. Quando os organismos se encontram acima da sua temperatura óptima, a função e a estrutura celular são afectadas, enquanto que a baixa temperatura a função é afetada.

Os micróbios estão presentes em todos os ambientes. Eles adaptam-se e multiplicam-se. No entanto, a sua multiplicação aumenta ou diminui em função das condições ambientais. A interação microbiana pode provocar alterações que são, por vezes, imprevisíveis. A vida dos microrganismos no ambiente é afetada por uma variedade de factores físicos e químicos e o processo de vida dos microrganismos é afetado pela temperatura. Os micróbios são capazes de sobreviver em amplas gamas de temperatura, mas a gama em que podem crescer e desenvolver as suas actividades situa-se geralmente entre 0 e 90°C.

A temperatura é um bom parâmetro para ilustrar tanto a diversidade como a adaptação. Nenhum sistema vivo lhe é indiferente, mas existem inúmeras formas de os organismos se adaptarem às mudanças de temperatura. A gama de temperaturas de crescimento tem sido frequentemente utilizada como meio de classificação de grupos de microrganismos. As divisões mais comuns são os psicrófilos, (-3 a 20°C); mesófilos (13-45°C) e termófilos (42-100°C ou mais). Dentro de cada uma destas divisões, foram acrescentadas subdivisões para conciliar as espécies que não se enquadram facilmente no grupo principal. Por exemplo, Bacillus coagulans tem um intervalo de temperatura de crescimento de 30-60°C e enquadra-se nas divisões mesófila e termófila. Esta bactéria é, por isso, frequentemente referida como um termófilo facultativo. Cada organismo tem os seus próprios limites superior e inferior de temperatura. A temperaturas superiores a 80°C predominam as arqueobactérias. Existem dois ramos filogenéticos principais neste grupo, os metanogénicos estritamente anaeróbios e os halófilos aeróbios. Até à data, apenas *Methanococcus jannaschii* e *Methanothermus fervidus* são extremamente termófilos. A maioria das espécies é mesófila. O segundo grupo é constituído pelas sulfolobales, termoproteales e thermoplasmales aeróbias e anaeróbias metabolizadoras do enxofre, cujos membros são quase todos termófilos extremos e, até à data, não foram isoladas espécies mesófilas

O psicrotrófico é definido como qualquer organismo capaz de crescer a 5°C, ou abaixo, independentemente das suas temperaturas superiores ou óptimas de crescimento. A maioria dos ambientes terrestres, aquáticos e atmosféricos nas regiões temperadas estão sazonalmente sujeitos a temperaturas de congelação e sub-congelação, bem como a temperaturas definitivamente dentro da gama mesófila. Isto é particularmente verdadeiro para os solos, algumas águas superficiais de lagos e oceanos e rios e riachos pouco profundos. Este ambiente poderia ser melhor descrito como psicrotrófico e presume-se que, se ocorrer alguma atividade microbiana a temperaturas inferiores a 5°C in *situ*, é provável que resulte de psicrotróficos. Por outro lado, os sedimentos e as águas dos oceanos e dos lagos, abaixo da termoclina, são geralmente considerados como ambientes termoestáveis, com temperaturas que raramente excedem os 5ºC. A maioria dos microrganismos apresenta uma sobrevivência moderada a boa a uma temperatura inferior à sua temperatura mínima de crescimento. *O Vibrio parahaemolyticus* tem uma temperatura mínima de crescimento entre 7 e 10°C, este organismo raramente ocorre in *situ* a uma temperatura inferior a 15°C.

Foi registada uma incidência relativamente elevada de bactérias viáveis na troposfera, que se estende desde o solo até uma altura de aproximadamente 10.000 m. Uma caraterística geral da troposfera é a diminuição contínua da temperatura com o aumento da altitude, ao ponto de, nalgumas massas de ar, a temperatura ser inferior a - 40°C. Na maior parte da baixa atmosfera, em altitudes superiores a 1000m, a temperatura é inferior a 10°C e está definitivamente dentro da temperatura de sobrevivência, possivelmente de crescimento e atividade dos psicrófilos.

Há provas de que as bactérias são importantes na produção de partículas nucleadas de gelo, particularmente as associadas a folhas de árvores em decomposição. Especificamente, *a Pseudomonas syringae*, isolada de folhas de amieiro, desempenha um papel significativo na produção de partículas de núcleos de gelo em regiões temperadas. A atividade de nucleação de gelo desta espécie ocorre a uma temperatura relativamente quente de -2°C e aparentemente está associada a células intactas.

De um modo geral, a sobrevivência a uma temperatura inferior à mínima para o crescimento não parece ser uma propriedade esotérica de poucos organismos, uma vez que muitas outras bactérias terrestres, incluindo *E. coli, Pasteurella tularensis, Flavobacterium* e esporos *de Bacillus subtilis*, demonstraram sobreviver igualmente bem a temperaturas entre -40 e +24°C, ao passo que a temperaturas superiores a 24 a 49°C, se registou uma taxa de mortalidade acelerada para todos os isolados. Todos os pré-requisitos necessários para o crescimento e atividade microbiana ocorrem na atmosfera, incluindo uma população de bactérias viáveis, humidade suficiente e grandes quantidades de nutrientes orgânicos e inorgânicos. A baixa temperatura observada na troposfera seria favorável ao crescimento de psicrófilos, particularmente de bactérias originárias do ambiente marinho, indicando também que poderia existir uma "zona biológica" na atmosfera onde os microrganismos poderiam crescer em gotículas enriquecidas com matéria orgânica e possivelmente fixar azoto. Os organismos teriam provavelmente origem no ambiente.

As massas de água em regiões temperadas têm geralmente uma termoclina definida durante o verão, com a temperatura mais elevada à superfície. Abaixo da termoclina encontra-se o hipolimnon, que raramente aquece mais de 4°C em qualquer altura do ano. A termoclina actua como barreira entre o epilimnon e o hypolimnon. Frequentemente, no início da primavera, a temperatura da água é uniforme em toda a profundidade, com cerca de 4°C. As temperaturas da água são assim influenciadas pelas altas temperaturas atmosféricas. Os lagos polares e alpinos são caracterizados por terem uma temperatura geralmente inferior a 4°C durante todo o ano e por terem uma cobertura de gelo sazonal ou permanente. A temperatura mais elevada e a atividade fotossintética máxima ocorrem logo abaixo do gelo, quando as temperaturas da água no verão podem aproximar-se dos 4°C. As actividades microbianas heterotróficas nos lagos polares e alpinos são levadas a cabo por bactérias psicrófilas. Na coluna de água temperada, abaixo da termoclina ou nos sedimentos, os processos de mineralização microbiana ocorrem a temperaturas próximas dos 4°C. Os papéis primários das bactérias em ambientes de água doce são a degradação de determinados compostos orgânicos, incluindo organismos planctónicos, a reciclagem de nutrientes, a síntese de vitaminas e outros factores de crescimento e como fonte de alimento para outros organismos de nível tropical. A população mais elevada de bactérias e as actividades heterotróficas mais elevadas ocorrem logo após os picos de algas.

A degradação da matéria orgânica proveniente das plantas e dos solos, nomeadamente nos rios e ribeiros de montanha, resulta da atividade dos microrganismos a temperaturas frequentemente inferiores a 5°C.

A incidência de bactérias psicrófilas e psicrotróficas associadas a nascentes e poços tem recebido particular atenção por parte de indivíduos que investigam a fonte de contaminantes psicrotróficos em produtos lácteos e outros alimentos. A água dos poços e das nascentes albergava geralmente mais de 10^2 psicrotróficos ml^{-1} . Mais de 80% dos psicrotróficos isolados eram bastonetes Gram-negativos não fermentadores, incluindo *Archromobacter* e *Pseudomonads* fluorescentes e não fluorescentes. Em contrapartida, mais de 30% dos isolados das amostras de água eram coliformes. Alguns dos organismos, incluindo *Pseudomonas fluorescens* e uma *Flavobacterium*, estão frequentemente envolvidos na deterioração de produtos lácteos. Ambos os organismos demonstraram crescer bastante bem a temperaturas inferiores a 5°C.

As bactérias capazes de crescer a temperaturas inferiores a 5°C são bastante abundantes nos solos e não é invulgar enumerar 10^7 psicrotróficos g^{-1} solo. Uma elevada produção da microflora total no solo da rizosfera, charneca, pastagens e pântanos salgados não cultivados era psicrófila. O menor número de psicrotróficos parece ocorrer em solos cultivados, enquanto as contagens mais elevadas são registadas em solos de jardins. Presume-se geralmente que muito pouca ou nenhuma atividade microbiana ocorre em solos temperados a temperaturas inferiores a 5°C. Não se verifica qualquer atividade aparente em solos congelados, mas a temperaturas superiores a 0°C, a atividade microbiana tem sido indicada pela evolução do CO_2 , da absorção de O_2 e da nitrificação. A quitina foi mineralizada nos solos ingleses durante todo o ano, mas as bactérias e os fungos foram os organismos dominantes na quitina enterrada durante o inverno; enquanto que os actinomicetes, os protozoários e os nemátodos foram mais abundantes a 20°C . Com base na temperatura prevalecente na vizinhança, vários organismos predominam e realizam as actividades para provocar alterações nas condições desse nicho ambiental.

3.3 Efeito da concentração de iões de hidrogénio nas actividades ambientais

Observa-se que as medições do ião hidrogénio (pH) são importantes em aplicações de medicina, biologia, química, agricultura, silvicultura, ciência alimentar, ciência ambiental, oceanografia, engenharia civil, engenharia química, nutrição, tratamento e purificação de água.

O crescimento dos organismos é afetado pela concentração de iões de hidrogénio. A maioria dos organismos só pode crescer com um pH de 4 a 9. As actividades microbianas no ambiente são regidas pela concentração de iões de hidrogénio no ambiente circundante. Embora, em geral, as bactérias prefiram condições alcalinas e os fungos prefiram condições ácidas, isso nem sempre é verdade e também é possível que ocorram mudanças adversas ao longo do tempo devido às interações entre os componentes bióticos e abióticos do ecossistema, o que faz com que as condições mudem.

Tem havido uma falta notória de estudos sobre os factores físicos e químicos e os seus efeitos nas acções microbianas no ambiente. O pH é uma expressão da concentração de iões de hidrogénio. O pH é o logaritmo negativo da concentração de iões de hidrogénio numa solução aquosa. Indica o grau de basicidade ou acidez de uma solução numa escala de 0 a 14 pH, sendo o pH 7 considerado como pH neutro. A acidez aumenta quando há um aumento da concentração de iões de hidrogénio e o pH é inferior a 7. Acima de pH 7, a solução é básica ou alcalina. No entanto, a medição é feita pela atividade dos iões de hidrogénio e não pela concentração.

Os indicadores podem ser utilizados para medir o pH, utilizando o facto de a sua cor mudar com o pH. A comparação visual da cor de uma solução de teste com uma tabela de cores padrão fornece um meio de medir o pH com precisão para o número inteiro mais próximo. São possíveis medições mais precisas se a cor for medida espectrofotometricamente, utilizando um colorímetro ou espetrofotómetro. O indicador universal é constituído por uma mistura de indicadores de modo a que haja uma mudança contínua de cor de cerca de pH 2 a pH 10. O papel indicador universal é feito de papel absorvente que foi impregnado com indicador universal.

Os microrganismos podem normalmente ajustar-se às alterações do pH ambiental mantendo um pH interno próximo da neutralidade; algumas bactérias também sintetizam proteínas protectoras (proteínas de choque ácido) em resposta ao pH

A alteração do pH afecta as actividades químicas e biológicas no ambiente, como a água, pelo que é um dos factores ambientais mais importantes que limitam o crescimento e a distribuição das espécies biológicas no ambiente. Várias espécies dominam em diferentes gamas de pH com um ótimo de 6,5 a 8 para a maioria das espécies. A flutuação do pH, para além desta gama, afecta negativamente a diversidade biológica devido ao stress fisiológico, afectando mesmo o crescimento, a multiplicação e podendo mesmo resultar na morte de certos organismos. O pH também altera a composição química dos poluentes, o seu transporte, biodisponibilidade e solubilidade, acabando por alterar a composição das espécies de micróbios, plantas e animais.

Quando o pH é baixo ou ácido, dá origem a chuvas ácidas que impõem a lixiviação de metais nas massas de água, como as águas subterrâneas e os cursos de água, causando vários efeitos nas zonas circundantes, incluindo efeitos tóxicos. Como as fontes antropogénicas são mais frequentemente ácidas do que básicas, o pH elevado é menos comum. O biota aquático é potencialmente afetado pela alteração do pH.

3.4 Efeito da água disponível nas actividades ambientais

A água é vital para as actividades dos organismos presentes no ambiente. A biodegradação, a bio-deterioração ou a bioremediação de materiais com a ação de micróbios depende da disponibilidade de água. Por vezes, os microrganismos podem reter ou produzir água para a sua colonização e crescimento.

A água é um dos requisitos mais essenciais para a vida. Assim, a sua disponibilidade torna-se o fator mais importante para o crescimento dos microrganismos. A disponibilidade de água depende de dois factores: o teor de água do ambiente circundante e a concentração de solutos como sais, açúcares, etc., dissolvidos na água.

A humidade e a atividade da água desempenham um papel imperativo no ambiente. Com base na humidade e na água, os organismos que encontram condições propícias sobrevivem, prosperam e modificam o ambiente. Os organismos xerófilos toleram uma humidade baixa, a humidade relativa entre 60-65 % é o nível limite para o crescimento microbiano; acima deste nível, podem predominar os organismos osmófilos, como os fungos.

A atividade da água (a_w) é a quantidade de água disponível para os microrganismos e pode ser reduzida pela interação com moléculas de soluto (efeito osmótico). A atividade da água está inversamente relacionada com a pressão osmótica; se uma solução tem uma pressão osmótica elevada, a sua a w é baixa. Os microrganismos diferem muito na sua capacidade de se adaptarem a habitats com baixa atividade da água. Num habitat com baixo a w, os microrganismos têm de fazer um esforço adicional para crescer, uma vez que devem manter uma concentração elevada de soluto para reter a água. Estes microrganismos são osmotolerantes ou podem crescer numa vasta gama de atividade da água ou de concentração osmótica. A maioria dos microrganismos cresce a um w = 0,98 ou superior.

Verifica-se que 97% da água na Terra é água salgada e apenas 3% é água doce; um pouco mais de dois terços desta água está congelada nos glaciares e nas calotes polares. A restante água doce não congelada encontra-se principalmente como água subterrânea, com apenas uma pequena fração presente acima do solo ou no ar.

Prevê-se que as alterações climáticas possam ter impactos significativos nos recursos hídricos em todo o mundo, devido à estreita relação entre o clima e o ciclo hidrológico. O aumento das temperaturas fará aumentar a evaporação e conduzirá a um aumento da precipitação, embora se registem variações regionais na precipitação. Tanto as secas como as inundações podem tornar-se mais frequentes em diferentes regiões e em diferentes alturas, prevendo-se alterações drásticas na queda e fusão da neve nas zonas montanhosas. As temperaturas mais elevadas também afectarão a qualidade da água de formas que ainda não são bem conhecidas. Os possíveis impactos incluem o aumento da eutrofização. As alterações climáticas poderão também significar um aumento da procura de irrigação agrícola, aspersores de jardim e talvez até piscinas. Existem agora amplas provas de que o aumento da variabilidade hidrológica e as alterações climáticas têm e continuarão a ter um impacto profundo no sector da água através do ciclo hidrológico, da disponibilidade de água, da procura de água e também da atribuição de água.

Os microrganismos capazes de crescer em condições em que a água não está facilmente disponível foram descritos como osmófilos. Desde então, foram cunhados sinónimos como osmotófilo, osmotolerante, osmodúrico, osmotrófico, xerófilo e xerotolerante.

Podem ser encontrados microrganismos osmofílicos em muitos ambientes. Para Griffin, a divisão mais importante é, de longe, entre o grupo A e os outros. No grupo A predominam os organismos unicelulares, enquanto nos grupos B e C são os fungos filamentosos.

A maioria dos microrganismos osmófilos pode crescer razoavelmente bem em potenciais hídricos relativamente próximos de zero. No entanto, alguns dos microrganismos mais osmófilos, os bolores xenófilos, são muito invulgares na medida em que, para além de serem capazes de crescer a potenciais hídricos muito baixos, têm frequentemente taxas de crescimento muito baixas em meios com potenciais hídricos próximos de zero.

3.5 Efeito da salinidade nas actividades ambientais

Foi reconhecido pela primeira vez nas décadas de 1920 e 1930 que os microrganismos podiam crescer em habitats que continham uma elevada concentração de sal, muitos microbiologistas tentaram desvendar os mecanismos de tolerância ao sal. Até 1970, a tendência era concentrar-se nas bactérias, em particular nas bactérias halofílicas, que vivem em salmouras saturadas. No entanto, mais recentemente, a tolerância ao sal das microalgas também foi observada. No passado recente, os mecanismos envolvidos na tolerância ao sal foram intensamente estudados. Os organismos que podem crescer na presença ou ausência de sal são organismos halotolerantes. Se for demonstrada uma necessidade de sal, então o organismo é um halófilo. Os halófilos podem ser halófilos moderados e extremos.

Os ambientes naturais extremos para os micróbios tolerantes ao sal são os lagos interiores que se encontram em zonas climáticas subtropicais ou tropicais. Estes lagos estão sujeitos a uma elevada taxa de evaporação devido à temperatura elevada e às altas intensidades de luz que caracterizam essas zonas. Os lagos altamente salinos desenvolvem-se quando a evaporação excede os ambientes naturais, a atividade humana também cria habitats altamente salinos para os microrganismos halófilos.

Também se encontram habitats extremos em locais menos exóticos, como os estuários e, em particular, nas piscinas rochosas costeiras. Quando a maré está baixa, as piscinas rochosas estão expostas à evaporação e, nos dias quentes, a salinidade aumenta várias vezes, podendo ocasionalmente aproximar-se do nível encontrado nos lagos salgados. A entrada da maré provoca então uma rápida diminuição da salinidade, pelo que os organismos das piscinas rochosas devem ser capazes de resistir a uma grande diminuição súbita da salinidade.

Muitos tipos de microalgas e bactérias encontram-se em habitats salinos. Podem ser halotolerantes - crescimento ótimo entre 0 e 0,3 M de NaCl e uma gama de 0-1 M de NaCl, moderadamente halófilas - crescimento ótimo entre 0,2 e 2,0 M de NaCl e uma gama de crescimento de 0,1-4,5 M de NaCl e extremamente halófilas - crescimento ótimo entre 3,0 e 5,0 M de NaCl e uma gama de crescimento de 1,5-5,5 M de NaCl.

Alguns micróbios halotolerantes também necessitam de Na+, mas apenas na gama micro molecular. A resposta de um organismo ao sal dependerá de outros factores ambientais (temperatura, pH, etc.). O grupo halotolerante é constituído principalmente por bactérias entéricas e por uma grande variedade de microalgas. As bactérias Gram-negativas pertencentes ao género *Halomonas* estão também incluídas neste grupo e *H. elongate* é a espécie mais halotolerante isolada até agora, crescendo bem em salinidades de 0,05M até NaCl saturado. O único organismo que se aproxima desta gama de salinidade é a alga verde unicelular *Dunaliella viridis*, que tem uma gama de salinidade de 0,3-5,0M NaCl. A Dunaliella é única porque as espécies deste género encontram-se em todas as três categorias de tolerância ao sal

Em geral, os halófilos moderados contêm representantes das eubactérias, cianobactérias e microalgas. A salinidade óptima para o crescimento é normalmente consideravelmente inferior ao seu limite superior de salinidade para o crescimento. Assim, os halófilos moderados podem tolerar salinidades elevadas, mas não crescem nelas de forma óptima. Os halófilos extremos são constituídos apenas por alguns grupos de organismos altamente especializados.

Verificou-se que o glicerol era o principal composto sintetizado por Dunaliella, conforme medido pela incorporação de CO_2 e que a salinidade externa tinha um efeito sobre a quantidade de glicerol sintetizado. No entanto, só no início dos anos setenta é que Wegmann e Ben-Amotz e Avron demonstraram independentemente que a concentração intracelular de glicerol em *Dunaliella* aumentava com o aumento da salinidade externa. Borowitzka e Brown demonstraram a natureza de soluto compatível do glicerol em *Dunaliella*, mostrando que concentrações de glicerol até 4M não inibem a atividade da glucose-6-fosfato desidrogenase isolada de *D. tertiolacta* ou *D. viridis*. O glicerol pode, de facto, mostrar algum grau de ativação da enzima a concentrações de cerca de 3M. Em contrapartida, 0,5M de NaCl mais 0,5M de KCl causaram uma inibição de 60% da glucose-6-fosfato desidrogenase *de Dunaliella* e o dobro desta quantidade de sal causou uma inibição completa.

As Halobacterium pertencem às arqueobactérias que, ao contrário das eubactérias, não têm ácido murâmico na parede celular e têm lípidos ligados a éter em vez de ésteres. Duas outras propriedades, no entanto, são de interesse direto em termos das suas relações salinas com as suas proteínas citoplasmáticas e ribossomas são altamente ácidas e os seus lípidos de membrana são predominantemente ácidos. Parecia claro que tais proteínas e lípidos necessitariam de níveis elevados de catiões para filtrar as cargas negativas e impedir que as forças de repulsão separassem as moléculas. Quando o meio interno da halobactéria foi investigado, encontrou-se uma elevada concentração de sal, mas, em vez de NaCl equimolar com o meio externo, uma quantidade substancial de sal interno era KCl, sendo o NaCl um componente significativo, mas de menor importância.

3.6 Efeito da disponibilidade de oxigénio nas actividades ambientais

Os organismos vivos, incluindo os microrganismos, necessitam de oxigénio para manter as suas actividades metabólicas. Em condições aeróbias, os micróbios estabilizam a matéria carbonácea decomposta, bem como oxidam os compostos inorgânicos. A intensidade da poluição é, portanto, medida em termos de B.O.D. (Biological Oxygen Demand), que mede a quantidade de oxigénio necessária aos microrganismos para as suas actividades. A maioria dos organismos é aeróbia, mas tanto os microrganismos anaeróbios como os aeróbios prevalecem em situações microaerófilas e anaeróbias.

Um organismo capaz de crescer na presença de O2 é um aeróbio; um que não consegue é um anaeróbio. Os aeróbios obrigatórios são completamente dependentes do O2 atmosférico para o seu crescimento. Os anaeróbios facultativos não necessitam de O2 para crescer, mas crescem melhor na sua presença. Os anaeróbios aeróbios tolerantes ignoram o O2 e crescem igualmente bem quer este esteja presente ou não. Os microaerófilos necessitam de níveis mais baixos (2 a 10%) para crescer, porque os níveis atmosféricos normais de O2 (20%) são prejudiciais para a célula. Os organismos que dependem completamente do O2 atmosférico para o seu crescimento são aeróbios obrigatórios e servem como acetor terminal de electrões para a cadeia de transporte de electrões na respiração aeróbia.

Os anaeróbios aerotolerantes, como o *Enterococcus faecalis*, ignoram simplesmente o O_2 e crescem igualmente bem quer este esteja presente ou não. Os anaeróbios obrigatórios, como *Bacteroides, Fusobacterium, Clostridium pasteurianum, Methanococcus, Neocallimastix*, não toleram de todo o O_2 e morrem na sua presença. Os microaerófilos são os organismos que são prejudicados pelos níveis atmosféricos normais de O_2 . O papel da disponibilidade de oxigénio na determinação da atividade fisiológica dos micróbios foi investigado por muitos investigadores.

Os procariontes e os protozoários encontram-se distribuídos entre os 5 tipos de microrganismos. Os fungos são normalmente aeróbios, mas algumas espécies, nomeadamente as leveduras, são anaeróbios facultativos. As algas são quase sempre aeróbias obrigatórias. Os microrganismos possuem enzimas que lhes conferem proteção contra os produtos tóxicos do O_2 . Os aeróbios obrigatórios e os anaeróbios facultativos contêm geralmente as enzimas superóxido dismutase (SOD) e catalase, que catalisam a destruição do radical superóxido e do peróxido de hidrogénio, respetivamente. A peroxidase também pode ser utilizada para destruir o peróxido de hidrogénio.

A variação do oxigénio nos ecossistemas ambientais, como as massas de água, depende da temperatura da massa de água, que influencia a solubilidade do oxigénio. A solubilidade do oxigénio diminui com o aumento da temperatura. O oxigénio dissolvido é a base do teste da carência biológica de oxigénio (CBO), que é um parâmetro importante para avaliar o potencial de poluição dos resíduos.

É bem sabido que as actividades vitais dos organismos são condicionadas pelo seu ambiente. Qualquer mudança acentuada no ambiente produz uma mudança correspondente nos caracteres morfológicos e fisiológicos dos organismos.

A carência biológica de oxigénio e a carência química de oxigénio (C.O.D.) parecem ser índices adequados para avaliar a carga poluente da água e dos resíduos. A carência bioquímica de oxigénio é utilizada para medir as necessidades relativas de oxigénio dos resíduos e a qualidade da água é avaliada com base neste critério.

Em geral, embora os factores ambientais produzam flutuações acentuadas no número de microrganismos e nas suas actividades no ambiente, tal não se deve a um fator isolado, mas a um grupo de factores que actuam como um todo.

3.7 Efeito das interações microbianas no ambiente

Muitas acções interactivas entre microorganismos criam condições que não existiam anteriormente. A sucessão de organismos tem lugar com base na alteração das condições. Num determinado ecossistema, ocorrem muitos tipos de interações que resultam no crescimento de certos organismos e na inibição do crescimento de outros grupos de organismos devido à disponibilidade ou indisponibilidade de nutrientes e outras condições favoráveis.

Vários factores físicos no ambiente podem aumentar, diminuir a multiplicação de bactérias ou destruí-las, controlando assim as suas actividades de multiplicação ou sobrevivência. Os micróbios interagem com as plantas, os animais e também entre si para competir por nutrientes, em particular.

Esta interação pode resultar em relações como a relação neutra em que nenhum parceiro é afetado, o mutualismo em que ambos os parceiros obtêm benefícios e o parasitismo em que um parceiro é beneficiado enquanto o outro é prejudicado. Estas associações desempenham um papel importante na alteração e modificação do ambiente.

Há uma influência ecológica na população de microrganismos no ambiente. Por exemplo, no solo, a extensão da matéria orgânica, a humidade e a temperatura influenciam a população de micróbios que afectam a fertilidade do solo. Isto também se aplica a diferentes locais e tipos de plantas nas proximidades. No ar, devido à falta de humidade e de nutrientes, o crescimento dos micróbios é afetado. Assim, o ar não tem uma flora normal fixa, embora contenha microrganismos. A água é essencial para os organismos vivos. No entanto, a água é portadora de organismos patogénicos que põem em perigo a vida e a saúde, para além de organismos não patogénicos, incluindo bactérias como E. coli, Aerobacter, Pseudomonas, Xanthomonas, fungos. Allomyces, Saprolegnia, Sapromyces, etc. Quando contaminadas com micróbios, muitas doenças podem propagar-se através da água.

3.8 Referências selecionadas

A.P.H.A. (1975). American Public Health Association Standard methods for the examination of water and wastewater. 14ª edição, Nova Iorque.

Johnson. L. M., McDowowell, C.S. e Krupa, M. (1985). Microbiology in Pollution Control from bugs to Biotechnology Dev. Ind. Microbiol.

McRae, C.F. e Auld, B. A. (1988). The Influence of Environmental factors on anthraenose of Xanthium. Spinosum. Phytopath 78, 1182.

Moshrafuddin Ahmed e Basumatary,S. K. (2006). Microbiologia ambiental. Em Microbiologia Aplicada. MJP Publishers. Chennai. Pp.218-260.

Norris, J. R. e Richmond, M. H. (1981). Essays in applied Microbiology John Wiley and sons Ltd.

Olga. V. and Owens, H. (1976) Physiological responses of phytoplankton to major environmental factors ann. Rev. Plant Physiol, 27, 461-483.

Potter, L. F. (1960). The Effect of pH on the development of bacteria in water stored in glass containers. Can. J. Microbiology 6,257.

Rangaswami. G. (1988). Soil Plant microbe interrelationship. Indian Phytopath, 41, 165172.

Trehan, K. (1990). Biotechnology, Wiley Eastern Limited. New Delhi.

Whipps, J. M. (2001). Microbial Interaction and Biocontrol in Rhizosphere (Interação microbiana e biocontrolo na rizosfera) J. Exp. Bot. 52,487-511.

Wright, D. N. et al. (1969). Efeito da temperatura na sobrevivência de Mycoplasma pneumoniae transportado pelo ar, J. Bact. 99,491.

Capítulo 4:
Biodegradação Microbiana de Plástico

4.1 Introdução

Os "plásticos" tornaram-se uma parte indispensável da nossa vida quotidiana. Na década de 1950, os plásticos transformaram-se numa grande indústria que afecta todas as nossas vidas - desde o fornecimento de embalagens melhoradas, passando por novos têxteis, até permitir a produção de novos produtos maravilhosos e tecnologias de ponta em coisas como televisores, automóveis e computadores. Os plásticos permitem mesmo que os médicos substituam partes do corpo gastas, permitindo assim que as pessoas vivam vidas mais produtivas e mais longas.

As aplicações generalizadas dos plásticos devem-se às suas propriedades mecânicas e térmicas favoráveis e à estabilidade e durabilidade destes materiais. O plástico tem sido o material mais utilizado no mundo.

O fator vencedor para os plásticos é a sua superioridade funcional, conveniência e eficácia em termos de custos. O plástico oferece uma série de vantagens em relação aos materiais alternativos, tais como o facto de ser leve, extremamente durável e parecer durar para sempre. A sua indestrutibilidade está na origem de grandes problemas ambientais.

Os plásticos criam enormes desastres ambientais. Sufocam sarjetas, esgotos e emissários marinhos. Para a vida marinha, acrescenta uma mordida letal ao ato de se alimentar, acabando nas barrigas de baleias, golfinhos, tartarugas e aves marinhas, condenando-as a uma morte agonizante por inanição ou subnutrição. Acaba mesmo na barriga de animais terrestres necrófagos, como as vacas e os cães, que se alimentam dos restos. Entope o solo, impedindo o livre fluxo de água através dele e esgotando a sua fertilidade. Como se isso não bastasse, recusa-se a desaparecer, permanecendo no solo durante cerca de 400 anos, para causar danos às gerações vindouras, lançando um cocktail de alguns dos produtos químicos mais venenosos que se conhecem.

A incineração, a despolimerização, a reciclagem e a deposição em aterro são alguns dos métodos tradicionais de tratamento dos resíduos de plástico pós-consumo. No entanto, estes métodos são dispendiosos e criam frequentemente novos problemas ambientais. A incineração associada à recuperação de energia poderia minimizar os problemas imediatos de eliminação de resíduos, mas também poderia agravar os riscos potenciais, como as emissões de dioxinas provenientes da incineração de PVC. Os resíduos plásticos podem ser despolimerizados num monómero que pode ser reutilizado, mas condições extremamente severas de temperatura e pressão tornam esta via de eliminação pouco económica.

Embora a reciclagem tenha surgido como o método mais prático para lidar com este problema, a dificuldade de selecionar uma grande variedade de plásticos e as alterações do material ao longo do tempo revelaram desvantagens consideráveis. Além disso, as novas tecnologias de reciclagem são geralmente mais caras do que as já existentes. Em alternativa, na ausência de métodos de eliminação economicamente viáveis, a deposição em aterro é o destino final da maioria dos plásticos, mas, devido à sua persistência no ambiente, provoca um aumento do custo da eliminação dos resíduos sólidos.

É um facto que os plásticos se tornaram uma parte indispensável das nossas vidas, uma vez que em certas aplicações têm uma vantagem sobre os materiais convencionais. Assim, é impossível evitar, mesmo que parcialmente, a libertação destes materiais no ambiente.

A melhor solução para a gestão dos resíduos de plástico é uma combinação de soluções que inclui plásticos biodegradáveis, reciclagem de plásticos e bioremediação de resíduos de plástico.

A bioremediação (limpeza biológica de resíduos de plástico) está a ganhar cada vez mais atenção na gestão ambiental, como a abordagem "clássica" para lidar com este contaminante ambiental. Esta técnica, em comparação com os métodos mecânicos e químicos para a sua destruição, aproveita a forma como a natureza recicla os resíduos através da enorme variedade de bactérias, fungos, insectos, vermes e outros organismos que comem material morto e o reciclam em novas formas.

Os métodos biológicos de tratamento de resíduos, como as lamas activadas, a compostagem e as zonas húmidas, são mediados por micróbios e há muito que contribuem de forma significativa para a redução da poluição.

As vastas variedades de microrganismos possuem capacidades metabólicas muito diversas, que podem ser utilizadas de muitas maneiras diferentes. Além disso, estes organismos ocorrem naturalmente e estão bem adaptados a diferentes ambientes. Podem ser facilmente isolados para utilização ou utilizados in situ.

A versatilidade dos microrganismos pode ser explorada para a bioremediação de resíduos de plástico, utilizando estirpes microbianas desenvolvidas através de seleção, melhoramento de estirpes ou modificação genética. Os micróbios mais eficazes são então produzidos em grande escala para exploração no terreno.

Os microrganismos com capacidade de degradação do plástico são raros nas amostras ambientais, pelo que o seu número deve ser aumentado antes do isolamento. O método mais amplamente utilizado para isolar microrganismos que degradam o plástico é a "técnica de cultura de enriquecimento", que utiliza o plástico como única fonte de carbono e energia, dando assim uma vantagem selectiva aos potentes degradadores de plástico em relação a outras formas microbianas mais abundantes.

De entre todos os métodos de ensaio, o método baseado na evolução do dióxido de carbono é a ferramenta de seleção mais utilizada para avaliar a biodegradabilidade dos polímeros, uma vez que este método determina o potencial de mineralização (biodegradação final) de culturas puras ou mistas para biodegradar o composto até aos seus elementos constituintes, ou seja, CO2 e H2O.

O principal problema da utilização da bioremediação como solução para os resíduos de plástico é a presença de diferentes tipos de constituintes poliméricos nos resíduos de plástico. Uma vez que os plásticos disponíveis no mercado podem ser fabricados a partir de vários tipos de polímeros (polipropileno, polietileno, cloreto de polivinilo, etc.), é desejável a aplicação de estirpes bacterianas que possam degradar muitos tipos de plásticos.

A técnica de fusão de protoplastos está a ganhar reconhecimento mundial como ferramenta de recombinação para gerar novas combinações de genes com várias capacidades. Ao contrário dos outros métodos de recombinação entre bactérias, ou seja, transformação mediada por plasmídeos, conjugação e transdução, este método oferece uma oportunidade única de juntar dois ou mais genomas completos em vez de fracções de ADN celular.

Os polímeros sintéticos - designados por plásticos - são tecnologicamente importantes desde a década de 1940 e, desde então, têm vindo a substituir o vidro, a madeira, a alvenaria e outros materiais de construção, e mesmo os metais em muitas indústrias. Quase todos os produtos que compramos, a maior parte dos alimentos que comemos e muitos dos líquidos que bebemos são feitos de plástico. Assim, desde as aplicações de engenharia até à utilização quotidiana, os plásticos proporcionam muitas vantagens, como a resistência, a durabilidade e a comodidade de utilização. Ironicamente, estas mesmas propriedades estão a revelar-se um grande problema ambiental quando estes materiais entram no fluxo de resíduos. Como os plásticos são concebidos para resistir à degradação, podem tornar-se permanentemente resistentes nos aterros. A deposição de lixo em aterros não só ameaça a vida selvagem e a vida marinha, como também causa um incómodo estético considerável. Para além da deposição de lixo, outros métodos inadequados de eliminação, como o enterramento ou a queima de materiais plásticos, libertam poluentes nocivos ou tóxicos para o ambiente, pondo assim em perigo a biosfera.

Uma vez que os plásticos se tornaram parte integrante da nossa vida quotidiana, é impossível evitar, mesmo que parcialmente, a libertação destes materiais no ambiente; consequentemente, é importante descobrir as formas de biodegradar estes compostos. Tendo isto em conta, a maior parte do trabalho atual centra-se na biorremediação (limpeza biológica) de resíduos de plástico como método de tratamento de resíduos de plástico, que é geralmente mais barato e mais amigo do ambiente do que outras alternativas como a incineração, o tratamento químico ou os aterros.

Os micróbios podem revelar-se úteis na limpeza dos resíduos de plástico, uma vez que são componentes ocultos da biodiversidade da Terra com enormes capacidades e diversidade metabólica em comparação com outras formas de vida. Os microrganismos capazes de degradar componentes de polímeros podem desempenhar um papel muito importante na degradação dos plásticos.

A investigação do processo de biodegradação através de ensaios reprodutíveis e sistemáticos exige o isolamento de microrganismos sob a forma de culturas puras. A disponibilidade de isolados puros abre oportunidades para elucidar os mecanismos bioquímicos envolvidos na biodegradação do plástico. Assim, a maior parte dos trabalhos recentes incluiu estudos sobre o isolamento de novos microrganismos para a biodegradação de polímeros sintéticos, a descoberta de novas enzimas de degradação e a clonagem de genes para enzimas de degradação de polímeros sintéticos.

No entanto, a capacidade de utilização de polímeros é rara na natureza, pelo que é necessário desenvolver novas manchas microbianas com potencial para utilizar múltiplos polímeros como substratos para o crescimento. Atualmente, a tecnologia de fusão de protoplastos está a ganhar reconhecimento em todo o mundo como uma ferramenta de recombinação na geração de novas combinações de genes.

Todos os tipos de micróbios têm encontrado o seu papel na resolução de problemas ambientais. Embora as bactérias sejam as mais exploradas, os fungos, as algas e os vírus também têm sido utilizados em várias aplicações. Além disso, com o advento das técnicas de engenharia genética, abrem-se novas possibilidades de aplicação ambiental dos micróbios. Não só algumas actividades metabólicas podem ser melhoradas, como também podem ser combinadas vias bioquímicas de dois microrganismos diferentes para criar novas vias com novas funções. Além disso, estão a ser desenvolvidos organismos transgénicos que oferecem ainda mais possibilidades de aplicação.

Tendo em conta este facto, têm sido realizados em todo o mundo estudos generalizados sobre a biodegradação de plásticos para ultrapassar os problemas ambientais associados aos resíduos de plástico. Os trabalhos recentes incluem o isolamento de microrganismos para a biodegradação a partir do ambiente natural, a descoberta de novas enzimas de degradação e a clonagem de genes para a degradação de polímeros sintéticos.

Na natureza, a mineralização completa dos plásticos em dióxido de carbono e água envolve a sucessão de associações sintróficas entre vários grupos de microrganismos. No entanto, o estudo sistemático e reprodutível do processo de biodegradação requer o isolamento de microrganismos sob a forma de cultura pura. Além disso, o isolamento é adequado para a identificação e o estudo pormenorizado dos microrganismos que se juntam a um composto no ambiente.

Os organismos mais potentes podem ser isolados em meio de ágar sólido. No entanto, atualmente, a maior parte do trabalho de investigação relativo à biodegradação de plásticos centra-se em polímeros biodegradáveis e, consequentemente, a maioria dos estudos publicados centra-se em métodos de isolamento que utilizam polímeros biodegradáveis como fonte de carbono e energia no meio de cultura. A investigação sobre os métodos utilizados para o isolamento de estirpes microbianas que degradam plásticos sintéticos, como o policloreto de vinilo (PVC), ainda está em fase de desenvolvimento e apenas estão disponíveis alguns métodos fiáveis.

Pelo contrário, a capacidade de degradação de uma determinada estirpe bacteriana restringe-se frequentemente a uma única classe de polímeros e os microrganismos com essa capacidade são raros na natureza. A reunião de diferentes vias de degradação intactas com a ajuda de diferentes ferramentas em técnicas de recombinação genética é a única forma de criar uma estirpe bacteriana com uma nova propriedade de degradação múltipla de polímeros. Isto pode ajudá-las a serem eficazes em situações como as dos resíduos urbanos ou quando diferentes tipos de plásticos estão a contaminar o ambiente.

4.2 Classificação do plástico

O desenvolvimento dos plásticos no mundo começou por volta de 1930, com a transição da indústria química baseada no carvão para a indústria química baseada no petróleo. A palavra "plástico" tem origem no grego (plastein=formar, dar forma), significando um material que pode ser moldado ou dado forma a qualquer forma à escolha. A American Society for Testing Materials (ASTM) definiu o plástico como "qualquer um do grande e variado grupo de materiais, de composição total ou principalmente orgânica, que pode ser moldado em formas úteis através da aplicação, isolada ou conjunta, de calor e pressão".

Os plásticos dividem-se em dois tipos: termoplásticos e plásticos termoendurecíveis. Os termoplásticos são os plásticos que amolecem com o aquecimento e endurecem com o arrefecimento, pelo que podem ser moldados várias vezes, por exemplo, polietileno de baixa densidade (LDPE), polietileno de alta densidade (HDPE), polipropileno (PP), poliestireno (PS), cloreto de polivinilo (PVC), tereftalato de polietileno (PET), etc. Os termoendurecíveis são os plásticos que, quando aquecidos, produzem um produto infusível ou insolúvel que não pode ser novamente moldado após um novo aquecimento, por exemplo, o polifluoroetileno (PF), a ureia-formaldeído.

A formulação plástica contém, para além de polímeros como constituinte principal, vários outros aditivos em pequenas quantidades, tais como plastificantes, pigmentos, retardadores de chama, biocidas, lubrificantes, etc. Verifica-se que os polímeros se degradam ou alteram as suas propriedades na presença de ar, luz e a temperaturas elevadas. Para evitar esta alteração, depois de os polímeros comerciais serem fabricados a granel, são incorporados vários aditivos durante o processamento do plástico, a fim de os tornar adequados para uma utilização final específica. O aditivo mais comum utilizado na formulação de plásticos comerciais são os plastificantes, que são geralmente ésteres de ácidos orgânicos, tais como o dibutilftalato, o dietilftalato, os ésteres de ditiopropionato de dissódio, os óleos vegetais modificados, etc. Estes plastificantes são compostos orgânicos com baixo peso molecular e são mais susceptíveis ao ataque microbiano.

Após a descoberta do primeiro plástico de baquelite pelo Dr. Baekeland em 1909, no espaço de cerca de uma década começaram a surgir vários polímeros em formas cada vez mais recentes, com propriedades cada vez melhores, nos laboratórios dos cientistas. Ao longo dos anos, os plásticos conquistaram o consumidor e o mercado industrial como um material maravilhoso e indispensável. Os plásticos são utilizados em quase todas as indústrias transformadoras, desde os automóveis à medicina. Os plásticos têm sido utilizados em muitas aplicações devido à sua durabilidade, leveza e capacidade de processamento.

4.3 Riscos ambientais dos plásticos

As próprias vantagens técnicas, que tornaram os polímeros tão úteis, tornaram-nos desvantajosos quando estes produtos à base de polímeros foram eliminados no final da sua vida útil e, em particular, quando apareceram como lixo no ambiente. A falta de degradabilidade e o encerramento dos aterros sanitários começam a reconhecer os resíduos de plástico como uma das categorias de resíduos mais problemáticas e têm sido responsabilizados pela redução dos aterros sanitários.

De acordo com as estatísticas relativas aos resíduos de plástico publicadas pela Agência de Proteção do Ambiente dos Estados Unidos para o ano de 1998, nos Estados Unidos, antes da reciclagem, foram gerados nesse ano cerca de 220 milhões de toneladas de resíduos sólidos urbanos (RSU), dos quais 10%, ou seja, cerca de 22,4 milhões de toneladas, eram compostos por resíduos de plástico. Na Índia, os resíduos de plástico representam cerca de 7000 toneladas por dia (mais de 1,96 milhões de toneladas por ano) e prevê-se que os resíduos de plástico pós-consumo atinjam 3,6 milhões de toneladas em 2006-2007. A maior parte deste plástico acaba em aterros, entope os esgotos e torna-se um perigo para a saúde. Alguns dos principais problemas que têm sido associados aos críticos dos resíduos de plástico são: asfixia dos solos e dos esgotos, perigo para a saúde devido à emissão de dioxinas, furanos e fosgénio durante a incineração do PVC, inundação de águas e perigo para a vida marinha, incluindo várias espécies protegidas, devido à ingestão ou ao aprisionamento em resíduos de plástico.

A crise ambiental provocada pela poluição por plásticos aumentou de tal forma que grupos ambientalistas de todo o mundo pressionaram as autoridades legislativas e os governos a proibir a produção de sacos de plástico e, subsequentemente, a sua utilização. A fim de atenuar o problema dos resíduos de plástico, alguns estados da Índia, ao abrigo da Lei de Proteção do Ambiente (EPA), instituíram leis estatais para minimizar os resíduos de plástico. Ao abrigo desta lei, muitos estados e cidades da Índia, nomeadamente Himachal Pradesh, Jammu Kashmir e Maharashtra, Mumbai e Goa, proibiram a utilização de sacos de plástico com menos de 20 microns. No entanto, em vez de prever a aplicação de sanções dissuasivas ao fabrico e à utilização de plásticos, não conseguiu reduzir os resíduos de plástico e o problema continua a aumentar.

4.4 Biodegradação microbiana de plásticos

Existem quatro métodos estabelecidos de gestão de resíduos de plástico: incineração, despolimerização, reciclagem e deposição em aterro. A incineração de resíduos de plástico pode ser utilizada como uma fonte de energia renovável. A energia libertada pela queima dos resíduos de plástico pode ser utilizada para gerar vapor, eletricidade ou outras formas de energia. No entanto, a incineração de resíduos de plástico está associada a alguns problemas tecnológicos, especialmente devido à incineração de policloreto de vinilo, que constitui cerca de 3-4% dos resíduos e que, quando incinerado, liberta cloreto de hidrogénio e gases de cloro livre, que podem reagir com hidrocarbonetos não queimados para formar dioxina, um poluente tóxico. A queima de outros plásticos pode produzir cianeto de hidrogénio (HCN), amoníaco (NH3), dióxido de enxofre (SO2), etc.

A pirólise, também designada por reciclagem química, na qual os polímeros são convertidos em monómeros, refinaria de petróleo ou matéria-prima petroquímica, pode ser reutilizada. No entanto, este método é ineficaz e as suas aplicações são limitadas. A deposição em aterro é o método mais utilizado para a eliminação de resíduos de plástico e está a aproximar-se da sua capacidade total. Além disso, como não é biodegradável, os resíduos de plástico permanecem no local durante vários anos, causando incómodos estéticos.

O elevado custo da reciclagem dos plásticos, em comparação com o do material virgem, constitui uma limitação adicional à comercialização dos plásticos reciclados. Por conseguinte, a reciclagem dos resíduos de plástico só pode constituir uma solução parcial para a redução a longo prazo dos resíduos de plástico.

Uma alternativa aos métodos supramencionados para eliminar os resíduos de plástico, a "biodegradação", foi proposta por muitos cientistas como uma solução para os problemas dos resíduos de plástico.

A maior parte dos polímeros sintéticos utilizados nas formulações plásticas comerciais não são normalmente atacados por microrganismos. A inércia molecular destes materiais é herdada devido a várias propriedades físicas e químicas que estes materiais possuem. A resistência dos plásticos ao ataque microbiano é atribuída a várias configurações e ligações químicas presentes nestes polímeros, uma vez que o plástico é um polímero constituído por cadeias longas, lineares e ramificadas de ligações C-C com um comprimento de cadeia superior a C .44

A deterioração microbiana dos plásticos tem sido objeto de investigação ao longo dos últimos 20 anos e os químicos de polímeros têm dedicado todas as suas energias ao aumento da durabilidade dos materiais plásticos. O seu sucesso coloca-nos agora perante o problema do lixo persistente.

Muitos cientistas relataram o ataque microbiano ao polietileno recalcitrante.

Albertsson et al. (1978) demonstraram a biodegradação do polietileno de alta densidade por *Fusarium redolens*, Albertsson e Banhidi (1980), bem como Albertson e Karlsson (1988) estudaram a biodegradação do polietileno seguindo a mineralização do polietileno de baixa densidade radiomarcado enterrado no solo para CO2 durante dez anos. El-Shafei et al. (1998) registaram a capacidade de *Streptomyces* e outros fungos para biodegradar o polietileno. Recentemente, Jakubowicz (2003) registou a bio assimilação do polietileno seguida da sua degradação termo-oxidativa.

4.5 Mecanismo de degradação microbiana dos plásticos

Infelizmente, o termo biodegradação dos plásticos não tem sido aplicado de forma consistente para definir a biodegradabilidade dos plásticos. A deterioração ou perda de integridade física de um material é frequentemente confundida com biodegradação. Na literatura, são geralmente utilizadas duas definições para descrever a biodegradabilidade dos plásticos de acordo com o destino deste polímero. A biodegradabilidade primária ou biodegradabilidade parcial é a alteração da estrutura química que resulta numa perda de propriedades específicas do polímero. A biodegradabilidade final ou biodegradabilidade total diz respeito à mineralização e assimilação total do composto. É definida como a conversão, por microrganismos, de um material em dióxido de carbono, água e outros produtos inorgânicos vestigiais em condições aeróbias ou em dióxido de carbono, metano e outros produtos inorgânicos em condições anaeróbias.

A degradação biológica de plásticos insolúveis em água é um processo complexo que envolve várias etapas subsequentes induzidas pela ação de enzimas. O tipo mais importante de reação de clivagem enzimática de polímeros é a hidrólise de polímeros em oligómeros e monómeros. Devido à natureza hidrofóbica e ao tamanho das moléculas de polímero, os microrganismos não conseguem transportar o material polimérico diretamente para o interior da célula, onde tem lugar a maior parte dos processos bioquímicos. Em vez disso, devem primeiro excretar enzimas extracelulares, que despolimerizam o polímero fora da célula.

Na natureza, a decomposição de materiais orgânicos é reconhecida como um processo complexo que envolve a atividade coordenada de um número de microrganismos pertencentes a diferentes grupos tropicais envolvidos na deterioração de polímeros sintéticos. Na primeira fase da biodegradação, as bactérias fermentativas hidrolisam e fermentam os polímeros com a produção de propionato, álcool, acetato, H_2 e CO_2. Estes compostos são subsequentemente degradados por um segundo grupo de bactérias chamadas bactérias produtoras de H_2 obrigatórias (redutoras de protões). Finalmente, em condições anaeróbias, as metanogénicas reduzem estes compostos a CO_2 e a CH_4. Um quarto grupo de bactérias é então capaz de efetuar a hidrogenação acetogénica, produzindo acetato a partir de H_2 e CO_2.

No ambiente, a degradação do material polimérico é provocada pelo efeito combinado e cumulativo da luz solar, do calor, do oxigénio, da água e da poluição química, juntamente com macro e microorganismos. Assim, todo o mecanismo de degradação do polímero é muitas vezes referido como degradação ambiental. Os factores ambientais não só influenciam o polímero a degradar, como também têm uma influência crucial na população microbiana e na atividade dos diferentes microrganismos envolvidos no processo de degradação. Para além dos diferentes grupos de populações microbianas, em especial bactérias e fungos, os métodos de contacto entre a amostra e os microrganismos ou enzimas, seja em solução, sob a forma de gel ou lama, por enterramento no solo de um sólido, etc., também afectam a taxa de biodegradação. Parâmetros como a humidade, a temperatura, o pH, a salinidade, a presença ou ausência de oxigénio e o fornecimento de diferentes nutrientes têm efeitos importantes na degradação microbiana dos polímeros.

Outro fator que complica a degradação dos plásticos é a complexidade dos materiais plásticos no que diz respeito à sua possível estrutura e composição. O peso molecular dos polímeros, a regularidade dos estéreos e a cristalinidade, a orientação das moléculas na cadeia polimérica, a temperatura de transição vítrea e os factores relacionados com as condições de superfície (área de superfície, natureza hidrofílica e hidrofóbica do polímero) têm uma forte influência na biodegradação dos plásticos.

4.6 Isolamento e criação de novas estirpes bacterianas

O isolamento de estirpes microbianas do ambiente natural permite um estudo mais pormenorizado das vias, enzimas, intermediários de degradação e produtos produzidos durante a degradação do polímero. No caso de biodegradação lenta ou marginal, o isolamento é essencial para confirmar se a degradação ocorre ao nível da utilização do substrato ou no modo co-metabólico. O isolamento da estirpe microbiana é também essencial para a sua utilização para fins aplicados de bioremediação.

A técnica de cultura de enriquecimento, uma técnica imensamente útil e versátil, para isolar os organismos-alvo desejados de vários tipos de organismos que coexistem num habitat natural, foi desenvolvida pela primeira vez por Winogradsky e Beijerink. Para que o isolamento de um determinado organismo em cultura pura seja bem sucedido, os organismos devem geralmente constituir uma proporção suficientemente elevada da população mista. Os métodos de enriquecimento são geralmente concebidos para obter um aumento do número relativo de determinados organismos, favorecendo o crescimento, a sobrevivência (ou seja, a competição fisiológica) ou a sua separação espacial de outros membros da população.

As estratégias bem conhecidas para isolar organismos desejáveis da cultura de enriquecimento consistem em permitir o crescimento de estirpes microbianas em meios sólidos com o composto seletivo a servir como única fonte de carbono e energia.

Recentemente, Kim et al. (2003) relataram o isolamento de uma nova estirpe de Sphingomonas sp. SA3 e do seu simbiótico SA2, em que a primeira estirpe é degradadora de PVA e a segunda é produtora de factores de crescimento.

Uma panorâmica da literatura citada sobre a biodegradação do AVA indica que, para realizar a degradação do PVA, muitos dos grupos de investigação referiram membros do género *Pseudomonadaceae* como o principal grupo que fornece organismos úteis para realizar a degradação do PVA.

Existem vários métodos mais comummente utilizados para avaliar a biodegradabilidade do material plástico.

Bartha e Parmar (1965) recomendaram a utilização do balão Biometer para a medição exacta do CO2 não marcado do material de ensaio. Reich e Bartha (1977) e Yabannavar e Bartha (1993, 1994) utilizaram o balão Biometer para avaliar a biodegradação de películas de polibutileno e de policloreto de vinilo plastificado, respetivamente. No entanto, atualmente, estão a ser utilizados respirómetros computorizados relativamente avançados com sensores de gás para a avaliação da evolução do dióxido de carbono durante a decomposição de material polimérico por microrganismos.

Muitos investigadores desenvolveram novas estirpes microbianas através da fusão de protoplastos. No ambiente, os locais poluídos, que geralmente necessitam de ser biorremediados, albergam uma vasta gama de poluentes, por exemplo, os resíduos plásticos são constituídos por diferentes tipos de plásticos compostos por uma vasta gama de polímeros, tais como policarbonato, tereftalato de polietileno, álcool polivinílico, etc. Por conseguinte, para o desenvolvimento de um processo de bioremediação eficaz e económico, é necessário desenvolver organismos que possuam o potencial de degradar mais do que um poluente. O desenvolvimento de uma estirpe microbiana refere-se geralmente à seleção ou criação de um organismo com um genótipo alterado, considerado mais adequado para os fins a que se destina do que a estirpe original.

Uma das abordagens para dotar os microrganismos de capacidade enzimática para a degradação de diversos poluentes consiste em utilizar a técnica de recombinação genética, a fim de criar microrganismos com capacidade para degradar uma vasta gama de compostos. Nas bactérias, a transferência de genes ocorre por transformação, transdução ou conjugação. Estas técnicas convencionais de transferência de genes permitem o isolamento e a manipulação de genes específicos, utilizando moléculas vectoras que podem ser introduzidas noutros organismos, onde complementam as funções existentes ou aumentam os seus fenótipos. A degradação de compostos exige geralmente a montagem de genes que envolvem várias sequências reguladoras localizadas em diferentes sítios do genoma.

A técnica de fusão de protoplastos tem despertado interesse como meio de produzir híbridos microbianos com propriedades novas. Aqui, dois ou mais genomas completos podem ser reunidos, ao contrário de outros processos convencionais, em que o ADN sob a forma de fragmentos é introduzido nas células receptoras.

A hibridação somática através da tecnologia de fusão de protoplastos permite a hibridação entre quaisquer dois organismos, independentemente da sua relação taxonómica. Os protoplastos são também o material ideal para transformações genéticas, uma vez que a membrana plasmática com pescoço permite a entrada de ADN estranho, organelos celulares, bactérias, plasmídeos ou partículas de vírus.

Envolve o isolamento de protoplastos das células de duas fontes genéticas diferentes, o que implica a lise da parede celular utilizando enzimas específicas de degradação da parede celular, por exemplo, lisozima, celulase, mutanolisina, etc. Uma vez que os protoplastos estão nus, ligados apenas pela membrana plasmática, continuarão a absorver água e, em seguida, rebentarão. Para evitar esta situação, o isolamento dos protoplastos é geralmente efectuado em meios de cultura hipertónicos. As suspensões de protoplastos isoladas de duas estirpes diferentes são depois cultivadas no mesmo meio contendo um agente fusogénico (que promove a fusão dos protoplastos). Neste caso, os núcleos de duas células fundem-se um com o outro, dando origem a células híbridas. O protoplasto fundido é então induzido a regenerar a sua parede celular, transferindo-o para um meio adequado.

As células que não possuem uma parede celular completa ou que possuem uma parede deformada, designadas por formas L, resultam assim quando a parede celular é objeto de uma modificação química ou enzimática. Em todos estes casos, as actividades metabólicas do citoplasma não são prejudicadas. No entanto, os protoplastos aumentam de massa e não se multiplicam, ao contrário dos esferoplastos e das formas L.

Os protoplastos isolados estão rodeados apenas pela membrana plasmática. A ausência de parede celular permite que a membrana plasmática de dois ou mais protoplastos entre em contacto íntimo. A fusão de protoplastos pode ser provocada por fusão espontânea, fusão mecânica ou por indução utilizando um agente fusogénico. A fusão espontânea de protoplastos bacterianos foi registada no caso do Bacillus anthracis. Lederberg e St. Clair (1958) observaram este fenómeno em E. coli durante a formação de esferoplastos poliautotróficos. No entanto, as frequências de tal fusão na ausência de um fusogénio foram muito baixas. Antes da introdução do PEG para a fusão de protoplastos, utilizava-se a força centrífuga ou um processo natural de agressão nos fungos. A electroporação ou choque elétrico também foi recentemente utilizada como procedimento para a fusão de protoplastos, quer na presença quer na ausência de polietilenoglicol.

A aplicação mais importante da fusão de protoplastos tem sido explorada industrialmente para a produção de produtos qualitativa e quantitativamente melhorados, como enzimas, antibióticos, solventes, etc. O desenvolvimento bem sucedido de estirpes através da fusão de protoplastos intergenéricos foi observado em vários organismos. *Cellulomonas fimii* e *Brevibacterum divariccatum*, *Fusobacterium varium* e *Enterococcus faecium* para melhorar a degradação da dehidrodivanilina. A transferência de complexos enzimáticos multigénicos foi conseguida para melhorar a gama de substratos utilizáveis e para fixar o azoto. *Fusobacterium varium* foi fundido com *Enterococcus faecium para aumentar a degradação da lenhina*. Foi registada a fusão entre *B.subtilis* e *Zymomonas mobilis; Cellulomonas mobilis; Cellulomonas sp.* e *Z. mobilis*, o que poderia melhorar a produção de álcool e a utilização de substratos.

Prakash e Cumming (1988) conseguiram transferir genes de fixação de azoto de *Frankia sp.* para *Streptomyces griseofuscus* de crescimento rápido. Gokhale e Deobagkar (1989) obtiveram uma estirpe recombinante que apresentava um padrão alterado de indução enzimática com diferentes substratos celulósicos através da fusão de *Cellulomonas sp.* e *Bacillus subtilis.* O Fusan obtido a partir de *Agrobacterium sp.* e *B. thuringiensis* tem aplicação na biotecnologia agrícola

thOs plásticos tornaram-se uma parte essencial e insubstituível da vida no século XX. A preocupação com a gestão da enorme quantidade de resíduos plásticos produzidos e com o problema da sua eliminação final leva a um consenso no sentido de reduzir, reutilizar e, sempre que possível, reciclar o material plástico. Paralelamente e de forma compatível com estas medidas, estão a ser realizados muitos trabalhos sobre diferentes formas de reduzir o impacto ambiental dos plásticos. Uma forma de o fazer poderia ser a utilização da técnica de biodegradação para combater os problemas associados aos resíduos de plástico.

Durante a última década, a utilização intensa de plásticos modernos, combinada com a sua enorme estabilidade, criou graves problemas de resíduos de plástico, sendo os principais problemas causados pelas embalagens de plástico. As estratégias tradicionais de gestão dos resíduos de plástico, como a deposição em aterro, a incineração ou a reciclagem, não são as melhores e estão sujeitas a muita controvérsia e discussão entre os cientistas e o público, devido aos potenciais perigos que provocam. Com base nestes problemas, foi empreendida uma atividade intensiva para reduzir o impacto ambiental dos resíduos de plástico. Uma forma de o fazer poderia ser a biodegradação dos resíduos plásticos. Anteriormente, os resíduos de plástico eram considerados não biodegradáveis. No entanto, devido à descoberta de várias estirpes de bactérias e fungos que participam neste processo, a biodegradação pode revelar-se um processo muito atrativo para minimizar o problema dos resíduos de plástico.

Os locais contaminados com resíduos de plástico são geralmente compostos por diferentes tipos de materiais plásticos, pelo que são necessárias estirpes microbianas com capacidade para degradar vários constituintes poliméricos para serem aplicadas aos resíduos de plástico.

Por Patil e Bagde (2015). A técnica de fusão de protoplastos foi utilizada para o desenvolvimento de estirpes microbianas com potencial para utilizar ambos os polímeros, PVC e PVA. Os protoplastos de Micrococcus luteus com capacidade de utilização de PVC foram obtidos por tratamento com lisozima (1 mg/ml) e os protoplastos de Bacillus subtilis foram obtidos por adição de 2 mg/ml de lisozima em fase de crescimento exponencial em solução tampão hipertónica. A frequência de formação e regeneração de protoplastos de Micrococcus luteus foi de 91% e 1,54%, respetivamente, enquanto a de Bacillus subtilis foi de 96,2% e 1,54%, respetivamente. Um número quase igual de protoplastos de ambos os organismos foi misturado e induzido a fundir-se um com o outro na presença de 40% de polietilenoglicol (PEG 6000). Os fusantes foram autorizados a regenerar as suas paredes celulares em meio de regeneração (REG). Os fusores foram selecionados e analisados quanto à presença de caraterísticas desejáveis. Verificou-se que a frequência de fusão era de 0,83x 10-6. Entre os muitos fusantes analisados, a estirpe N2 (estirpe recém-gerada) permaneceu estável durante mais de dez gerações em condições laboratoriais, pelo que foi selecionada para investigação posterior.

A estirpe N2 libertou 210µm/ml de cloreto em meio PVC-MSV durante um período de setenta dias e apresentou 76% de degradação do PVC durante um período de vinte dias. Analogamente às estirpes parentais, a estirpe N2 foi utilizada para avaliar a biodegradabilidade final dos polímeros de PVC e PVA através dos métodos baseados na evolução de CO2. A evolução líquida de CO2 observada no balão Biometer contendo o meio MSV-PVC foi de 1,58 mg em setenta dias, o que corresponde a 11,22% da biodegradação final do PVC. A evolução líquida de CO2 observada no frasco biométrico contendo o meio MSV-PVA foi de 10,58 mg em vinte dias, o que corresponde a 52,95% da biodegradação final do PVA. Este fusante apresentava uma morfologia celular e de colónias diferente da dos seus progenitores.

A nova estirpe apresentou uma atividade mais elevada para a degradação do PVC, bem como para a degradação do PVA, em comparação com a sua estirpe parental. Assim, o desenvolvimento de uma nova estirpe bacteriana foi efectuado com êxito através da técnica de fusão de protoplastos.

4.7 Referências selecionadas

Albertsson, A. C. (1978). Biodegradação de polímeros sintéticos. II. Uma conversão microbiana limitada de 14 C em polietileno para 14CO2 por alguns fungos do solo. *J. Appl. Polym. Sci.* 22: 3419-3433.

Allsopp, D. e Seal, K. J. (Eds.). (1986). Practical biodegradation. *Em Introduction to Bio deterioration,*

Edward Arnold Ltd. London. Pp. 95-112.

American Society for Testing and Materials (1998). Standard test method for determining aerobic biodegradation of plastic materials under controlled composting conditions (Método de teste padrão para determinar a biodegradação aeróbica de materiais plásticos em condições controladas de compostagem).

ASTM D 5338-98. *Livro anual das normas ASTM, Filadélfia*, EUA. pp. 1-6.

Bartha, R. (1990). Isolamento de microrganismos que metabolizam compostos xenobióticos. *Em Isolation of biotechnological organisms from nature* por DP Labeda (ED). MaGrawHill, Nova Iorque. Pp. 284-307.

Bloembergen, S., David, J. Geyer, D., Gustafson, A., Snook, J. e Narayan, R. (1994). Estudos de biodegradação e compostagem de materiais poliméricos. *In Biodegradable Plastic and Polymers* by Y. Doi and K. Fukuda (Eds.). Elsevier Science. pp. 601606.

Dubois, J. H. e Jhon, F. W. (Eds.). (1974). *Plastics.* VanNostrand Reinhold Company, Nova Iorque. 5ª edição.

Flieger, M.,Kantorova, M. Prell, A.,Rezanka, T. e Votruba, J. (2003). Plásticos biodegradáveis de fontes renováveis. *Folia Microbiol.* 48: 27-44.

Glazer, A. N. e Nikaido, H. (Eds.). (1995). *Microbial Biotechnology- Fundamentals of applied microbiology.* W. H. Freeman e companhia. New York. Pp. 605.

Heap, W. M. e Morrell, S.H. (1968). Deterioração microbiológica de borrachas e plásticos. *J. Appl. Chem.* 18: 189-194.

Norma internacional ISO 14855. (1999). Determinação da biodegradabilidade aeróbia final e da desintegração de materiais plásticos em condições controladas de compostagem-Método de análise do dióxido de carbono evoluído. *Organização Internacional de Normalização.* Genebra, Suíça. Pp. 1-17.

Ishigaki, T., Sugano, W.Nakanishi, A.,Tated, M., Ike, M. e Fujita, M. (2004). Abundância de microrganismos degradadores de polímeros num local de eliminação de resíduos sólidos à base de mar. *Basic Microbiol.* 40: 177-186.

Kim, B. C.Sohn, C. K. Lim,S. K., Lee,J. W. e Park, W. (2003).Biodegradação de polímeros microbianos e sintéticos por fungos. *Appl. Microbiol. Biotechnol.* 61: 300-308.

Menn, F. M. Easter,J. P. AndSayler,G. S. (2000). genetically engineered microorganisms and bioremediation. *Em Biotechnology* by HJ Rehm and G Ree (Eds.). Wiley- VCH. Verlag. Alemanha. Capítulo 21, 2ª Ed.

Mody, A. S. (2000). Plásticos biodegradáveis. *Pop. Plast. Packaging.* 45: 89-91.

Patel, H. B. e Malshe, V. C. (1999). Produtos da incineração de plásticos e seu impacto no ambiente. *Pop. Plast. Packaging.* 44: 72-82.

Patil, Rajashri e Bagde, U. S. (2015) Enriquecimento e isolamento de estirpes microbianas que degradam o bioplástico álcool polivinílico e estudo do seu potencial de degradação. Jornal Africano de Biotecnologia, 14(27), 2216-2226.

Pillai, C. K. S. (1998). Environmental implications of production, use and disposal of plastics materials (Implicações ambientais da produção, utilização e eliminação de materiais plásticos). *Pop. Plast. Packaging.* 43: 45-52.

Shimao, M. (2001). Biodegradação de plásticos. *Curr. Opin. Biotechnol.* 12: 242-247.

Zadgaonkar, A. (2004). Proteção ambiental contra a ameaça dos resíduos de plástico. *Resumo do artigo* do GPEC. 40: 1-6.

Capítulo 5:
Biodegradação de Pesticidas

5.1 Introdução

Os pesticidas são uma componente integral da prática agrícola para produzir e conservar a quantidade necessária de culturas. Consequentemente, estão a ser utilizados muitos insecticidas baratos e eficazes. Estes insecticidas são muito tóxicos e pouco biodegradáveis. A sua utilização extensiva e, por vezes, indiscriminada resultou na ocorrência generalizada de concentrações residuais de insecticidas no ambiente, bem como na sua acumulação nas culturas e nos produtos alimentares.

No passado, foi desenvolvida uma tecnologia de biorremediação através da inoculação específica de bactérias degradadoras de pesticidas previamente enriquecidas (bioaumentação), que integram as qualidades desejáveis de diferentes células bacterianas numa única célula, utilizando técnicas microbiológicas como a fusão de protoplastos, e foi examinada a sua capacidade de degradação melhorada. Este tipo de integração é desejável porque todos os anos são fabricados e aplicados nas práticas agrícolas uma grande variedade de pesticidas, pertencentes a diferentes grupos, e não é possível que uma única bactéria degrade todos os tipos de pesticidas.

O atual protocolo da FDA assume que um composto orgânico é biodegradável apenas se, durante o período de ensaio, mais de 50% do seu conteúdo de carbono for libertado sob a forma de CO2. De acordo com as diretrizes da OCDE, a percentagem de evolução do CO_2 deve ser superior a 60% do carbono teórico total do composto em estudo.

Todos os anos, os pesticidas são fabricados e utilizados em grandes quantidades. Por conseguinte, a toxicidade continua a ser um dos principais problemas ambientais associados à utilização de pesticidas. Os pesticidas organofosforados e piretróides constituem a maior parte dos pesticidas utilizados na indústria agrícola atual. Recentemente, os microrganismos estão a receber uma atenção considerável devido à sua potencial utilização na eliminação de resíduos e ao seu efeito no destino dos pesticidas no ambiente. Uma vez que estes produtos químicos tóxicos são fabricados e utilizados todos os anos em quantidades maciças, a biodegradação destes pesticidas tem suscitado um interesse considerável. Sabe-se que vários géneros de bactérias degradam estes pesticidas tanto em cultura pura como em cultura mista.

Um pesticida é uma substância ou uma mistura de substâncias destinadas a prevenir, destruir, repelir ou mitigar as pragas. Um contributo fundamental para a Revolução Verde foi o desenvolvimento e a aplicação de pesticidas para o controlo de uma grande variedade de pragas insectívoras e herbáceas que, de outra forma, diminuiriam a quantidade e a qualidade dos alimentos produzidos. A utilização agrícola de pesticidas é um subconjunto do espetro mais vasto de produtos químicos industriais utilizados na sociedade moderna. A aplicação extensiva de pesticidas resultou num elevado crescimento sustentável da agricultura, mas esta atividade também criou alguns efeitos indesejáveis. Um desses efeitos é o perigo que os pesticidas e os resíduos que lhes estão associados representam para o ambiente

O consumo de pesticidas por hectare na Índia é baixo quando comparado com as médias mundiais. No entanto, apesar de uma utilização comparativamente baixa de pesticidas na Índia, a contaminação dos produtos alimentares no país é alarmante. Cerca de 20% dos produtos alimentares indianos contêm resíduos de pesticidas acima do nível de tolerância, em comparação com apenas 2% a nível mundial. Apenas 49% dos produtos alimentares indianos contêm resíduos não detectáveis, em comparação com 80% a nível mundial. A razão reside na utilização não criteriosa de pesticidas, na falta de sensibilização e na divulgação inadequada de informações entre a comunidade agrícola da Índia.

Quando os pesticidas são utilizados corretamente, podem evitar até 40% das perdas de colheitas, mas a utilização incorrecta ou excessiva destes produtos químicos pode ter consequências consideráveis para o ambiente e a saúde pública. Os pesticidas têm a capacidade de lixiviar do solo e contaminar os recursos hídricos. No ambiente, podem resultar da aplicação, que pode ser correta ou incorrecta, devido a sobredosagem ou aplicação no momento errado. No entanto, existem também outras fontes, que devem ser evitadas: acidentes durante a produção, o transporte, o armazenamento, a lavagem do equipamento, etc. Os pesticidas são concebidos para matar os agrofagos, pelo que não podem ser completamente neutros para o ambiente. A avaliação adequada do risco ambiental de um pesticida de interesse requer alguma informação sobre o curso das interações no ambiente que conduzem à degradação do produto químico ou à sua acumulação.

Convém recordar que os seres humanos estão no topo da cadeia alimentar, pelo que podem ser expostos a estes níveis elevados quando ingerem alimentos ou animais que tenham bioacumulado pesticidas e outros produtos químicos orgânicos. Não são apenas os peixes, mas também os animais domésticos de criação que podem ser acumuladores de pesticidas. O movimento dos pesticidas no ambiente é muito complexo, ocorrendo continuamente transferências entre diferentes compartimentos ambientais.

Existe uma necessidade premente de desenvolver processos de recuperação para eliminar ou minimizar a contaminação por pesticidas das águas superficiais e subterrâneas. Atualmente, foram desenvolvidos vários métodos físicos e químicos para a degradação dos pesticidas residuais e para apoiar a limpeza ambiental. No entanto, os métodos convencionais destinados a controlar ou atenuar a poluição ambiental são menos eficazes, mais pesados e mais caros do que os métodos biológicos de bioremediação. Os métodos biológicos ou de biodegradação são simples e podem efetivamente reduzir o risco de contaminação ambiental causado pela aplicação comercial de compostos perigosos.

O termo "biodegradação" pode referir-se à mineralização completa dos contaminantes orgânicos, com a ajuda de microrganismos, em dióxido de carbono, água, compostos inorgânicos e proteínas celulares, ou à transformação de contaminantes orgânicos noutros compostos orgânicos. A biodegradação ou biorremediação pode utilizar a ação e a adição de microrganismos indígenas, microrganismos exógenos de outros locais ou organismos geneticamente modificados. O benefício máximo deste processo é a mineralização do poluente, conduzindo, em última análise, à formação de CO_2, H_2O e biomassa. É um processo que explora as capacidades catalíticas dos organismos vivos para aumentar a taxa ou a extensão da destruição do poluente, tornando-o assim um instrumento importante nas tentativas de atenuar a contaminação ambiental. A bioremediação ou degradação microbiana representa a principal via responsável pela recuperação ecológica de sítios contaminados com pesticidas. A biorremediação consegue a decomposição ou imobilização do contaminante através da exploração do potencial metabólico existente nos microrganismos com funções catabólicas derivadas da seleção ou da introdução de genes que codificam essas funções. A sua eficácia é frequentemente função da medida em que uma população ou consórcio microbiano pode ser enriquecido e mantido no ambiente.

Os mecanismos de degradação estão especificamente relacionados com as estruturas químicas, os pesos moleculares, a presença dos microrganismos e as condições ambientais. Os microrganismos sobrevivem em habitats contaminados porque são metabolicamente capazes de utilizar os seus recursos e podem ocupar um nicho adequado. Os contaminantes são frequentemente fontes potenciais de energia para os microrganismos. Estes isolados microbianos serviriam também como fonte de recursos para enzimas com aplicação potencial noutras indústrias afectadas por poluentes orgânicos semelhantes.

Os investigadores estão a trabalhar no sentido de desenvolver uma tecnologia de biorremediação para restaurar a saúde natural do ambiente contaminado por pesticidas, utilizando a inoculação específica de bactérias degradadoras de pesticidas previamente enriquecidas (bioaumentação). A capacidade de degradação dos microrganismos levou os investigadores a iniciarem um extenso programa de isolamento e rastreio para selecionar uma variedade de microrganismos que produzissem enzimas de potencial utilização no controlo da poluição. Para isolar esses microrganismos, a técnica de enriquecimento é supostamente o melhor método possível. É um exemplo de manipulação das condições de cultura, facilitando a tentativa de isolar bactérias que possam decompor um xenobiótico (composto artificial e não natural), como um pesticida. Os pesticidas são compostos orgânicos (maioritariamente C e H) e as bactérias geralmente decompõem os compostos orgânicos como fonte de materiais de construção e energia. Num meio de cultura em que o pesticida em questão é a única fonte de carbono para o crescimento, apenas as bactérias que podem utilizar o composto crescerão de forma apreciável, enquanto outras não. Eventualmente, a cultura conterá uma proporção suficientemente elevada de degradadores de pesticidas que facilitará o seu isolamento utilizando a técnica da placa de estrias.

No entanto, muitas estirpes de bactérias foram isoladas após enriquecimentos que aumentaram a população e estimularam os organismos de crescimento lento. Isto é particularmente verdade no caso de microrganismos capazes de degradar compostos recalcitrantes, e a cultura de enriquecimento continua a ser importante para o estudo de populações microbianas no que diz respeito à diversidade taxonómica e funcional. Entre os exemplos de estirpes microbianas que degradam pesticidas e que foram analisadas pelos investigadores contam-se *Pseudomonas sp.*, *E.coli*, *Flavobacterium*, *Arthrobacter*, etc. Verificou-se também que estirpes de fungos como *Aspergillus*, Mucor e *Thermohyalospora* estão envolvidas em processos de degradação de vários pesticidas e compostos químicos.

A avaliação da biodegradação ou da mineralização completa pode ser efectuada por vários métodos. Para tal, são frequentemente utilizados parâmetros como o carbono orgânico dissolvido, a carência bioquímica de oxigénio (CBO) ou a formação biogénica de dióxido de carbono (CO_2). Entre estes testes de evolução de CO_2 pode ser considerado como um dos melhores métodos possíveis para avaliar a mineralização completa. A percentagem de mineralização pelos microrganismos indica a sua capacidade de degradação do pesticida em causa.

Os processos de degradação estão constantemente a ocorrer em grande escala no ambiente natural, o que é indicado por uma taxa de degradação mais rápida no solo não esterilizado do que no solo esterilizado. A persistência dos pesticidas é um exemplo da incapacidade da microflora local para degradar estes compostos. Geralmente, a biodegradação de um constituinte orgânico é efectuada pelas enzimas produzidas pelo microrganismo. Estas enzimas actuam apenas sobre um substrato específico. Por conseguinte, o âmbito da cultura de bactérias disponível para degradar pesticidas é limitado. Considerando o facto de os locais ambientais contaminados conterem mais do que uma classe de pesticidas, não é praticamente possível aplicar diferentes culturas bacterianas. Nesta fase, é desejável desenvolver um organismo com caraterísticas recentemente evoluídas e uma capacidade de degradação mais alargada. Este facto realça o desenvolvimento de novas estirpes microbianas que possam degradar os dois ou mais pesticidas simultaneamente e também de forma eficaz.

Foram estudados vários processos de recombinação através dos quais podem ser desenvolvidas novas estirpes. Alguns destes processos são a Transformação, a Transdução e a Conjugação. Uma das melhores abordagens para a recombinação é a técnica de fusão de protoplastos. Esta técnica oferece a oportunidade única de juntar dois ou mais genomas. Nesta técnica, as células bacterianas ou fúngicas são despojadas das suas paredes celulares externas resistentes, expondo as suas membranas celulares finas. Uma vez que as membranas celulares da maioria das espécies têm a mesma composição, os protoplastos resultantes de diferentes espécies de microrganismos podem ser induzidos a fundir-se e o produto assim formado pode regenerar a sua própria parede celular. O híbrido transporta as caraterísticas genéticas dos seus progenitores.

5.2 Classificação dos pesticidas

Os pesticidas são agentes naturais ou sintéticos que são utilizados para matar pragas indesejadas de plantas ou animais. Embora o termo *pesticida* esteja agora frequentemente associado a compostos químicos sintéticos, só há relativamente pouco tempo é que os pesticidas sintéticos começaram a ser utilizados. Os compostos naturais ou extractos naturais têm sido utilizados como pesticidas desde os tempos antigos. Os primeiros pesticidas foram, muito provavelmente, o sal, a pedra sulfurosa e extractos de tabaco, pimenta vermelha, etc. Há rumores de que o exército napoleónico utilizava crisântemos esmagados para controlar os piolhos, com uma eficácia limitada. Os óleos de petróleo, os metais pesados e o arsénico foram utilizados livremente para controlar pragas e ervas daninhas indesejadas até à década de 1940, altura em que foram largamente substituídos, para muitas utilizações, por pesticidas orgânicos sintéticos, o mais famoso dos quais é o DDT. Uma vez que o termo *pesticida* abrange um conjunto diversificado de substâncias, justifica-se uma explicação sobre a taxonomia e a nomenclatura dos pesticidas.

Os pesticidas podem ser classificados por parasita-alvo ou por identidade química. A classificação por parasita alvo é talvez a mais familiar. Por exemplo, os insecticidas são pesticidas que visam os insectos e os herbicidas visam as plantas. Existem muitos outros exemplos: os acaricidas visam as carraças, os nematocidas os nemátodos, etc. A partir da sua estrutura química, os pesticidas podem ser classificados como organofosforados, compostos clorados, piretróides ou carbamatos. Devido às propriedades ambientais indesejáveis e aos riscos potenciais para o homem colocados pelos insecticidas organoclorados, estes foram agora substituídos por produtos químicos menos perigosos. Foram também utilizados insecticidas organofosforados (clorpirifos e isofenfos), piretróides (bifentrina, cipermetrina), fenvalerato e permetrina.

5.3 Riscos dos pesticidas

Uma grande preocupação da comunidade agrícola é o aumento dos resíduos de pesticidas, porque a aplicação destes xenobióticos nos solos pode causar danos ao ecossistema. Os compostos organofosforados, que estão entre as substâncias mais tóxicas conhecidas, são utilizados como pesticidas, insecticidas e gases nervosos. Estes interferem com as respostas musculares e, em órgãos vitais, produzem sintomas graves e, eventualmente, a morte.

O clorpirifos é um dos pesticidas mais populares utilizados na proteção das culturas agrícolas, pelo que a contaminação generalizada constitui uma preocupação potencial. O clorpirifos é moderadamente tóxico para os seres humanos. O envenenamento por clorpirifos pode afetar o sistema nervoso central, o sistema cardiovascular e o sistema respiratório. Embora alguns organofosforados sejam facilmente absorvidos pela pele, estudos efectuados em seres humanos sugerem que a absorção cutânea do clorpirifos é limitada. Os sintomas de exposição aguda a organofosforados ou a compostos inibidores da colinesterase podem incluir os seguintes: dormência, sensações de formigueiro, descoordenação, dores de cabeça, tonturas, tremores, náuseas, cólicas abdominais, suores, visão turva, dificuldade em respirar ou depressão respiratória e ritmo cardíaco lento. Doses muito elevadas podem resultar em perda de consciência, incontinência e convulsões ou morte. Os animais que pastam em pastagens ou áreas de cultivo recentemente tratadas com o inseticida ou alimentados com alimentos preparados a partir destas fontes podem potencialmente ingerir resíduos de clorpirifos. A subsequente secreção de clorpirifos no leite de vacas leiteiras que ingeriram resíduos é de importância primordial. Observou-se que os resíduos de clorpirifos aumentavam no leite e na nata com o aumento da concentração de clorpirifos na alimentação. Geralmente, um aumento de três vezes no nível dietético, 10 a 30ppm, causou um aumento de três vezes nos resíduos na nata do leite.

O clorpirifos, tal como o diazinão, é um fosforotioato ligado a um anel de pirimidina com três cloros, o que torna este composto muito hidrofóbico por natureza. Também seria mais provável que se depositasse no sedimento devido aos efeitos da gravidade. O clorpirifos tem uma semi-vida mais curta no ar do que o diazinão, mas persiste muito mais tempo no solo do que o diazinão e o fenamifos. A OMS (2001) considerou o clorpirifos como "moderadamente perigoso".

A Reunião Conjunta FAO/OMS sobre Resíduos de Pesticidas (JMPR) efectuou avaliações toxicológicas de vários piretróides sintéticos. A dose diária admissível (DDA) foi estimada pelo JMPR para a cipermetrina. A EPA dos EUA classificou a cipermetrina como um possível carcinogéneo para o ser humano porque existem provas limitadas de que causa cancro em animais. As pessoas que manuseiam ou trabalham com este pesticida desenvolvem, por vezes, formigueiros, queimaduras, tonturas e comichão. Foram demonstrados os efeitos adversos do pesticida cipermetrina na fertilidade e na reprodução de ratos machos. Foi demonstrado que a cipermetrina inibe as enzimas ATPase, causando assim mais danos aos peixes e aos insectos aquáticos, onde as enzimas ATPase fornecem a energia necessária para o transporte ativo.

5.4 Destino dos pesticidas no ambiente

O ciclo de vida dos pesticidas no ambiente é bastante multifásico. Os primeiros investigadores preocuparam-se principalmente em determinar quais os processos de degradação que eram importantes para estabelecer a estabilidade destes compostos no ambiente. Ao longo dos anos 50 e 60, os investigadores dedicaram-se a associar as actividades metabólicas microbianas à transformação dos pesticidas. Os conhecimentos anteriores ajudaram-nos a determinar a via metabólica exacta de certos produtos químicos devido às actividades microbianas. As bactérias adaptam a sua amplitude catabólica pré-existente para lhes permitir degradar muitos dos compostos pesticidas. No entanto, alguns compostos de estrutura complexa são altamente recalcitrantes à biodegradação e as explicações para a sua persistência no ambiente são muito complexas.

5.5 Biodegradação de pesticidas

As investigações mostraram que, na natureza, os microrganismos são responsáveis pela conversão de compostos orgânicos e inorgânicos através do metabolismo microbiano e da biossíntese. A degradação microbiana é uma estratégia útil para eliminar compostos químicos perigosos e desintoxicar os ambientes poluídos. Os microrganismos activos capazes de degradar uma grande variedade de compostos orgânicos de interesse ambiental estão presentes na zona insaturada. A capacidade dos microrganismos para transformar e degradar muitos tipos de poluentes no solo, na água, nos sedimentos e no ar tem sido amplamente reconhecida nas últimas décadas. Os microrganismos possuem muitas enzimas que podem decompor compostos naturais. Os cientistas modernos criaram pesticidas com estruturas químicas que não se encontram na natureza. Estas estruturas únicas são frequentemente responsáveis pela eficácia de um pesticida e também explicam porque é que os pesticidas podem persistir no ambiente.

A persistência de um pesticida no ambiente depende em grande parte da sua estrutura química e da presença de grupos funcionais invulgares, que são grandes subestruturas dentro da molécula do pesticida. A degradação microbiana de muitos pesticidas foi revelada há vários anos, tanto no ambiente como utilizando lamas activadas ou outros processos aeróbicos e anaeróbicos. A biodegradação e a hidrólise são os mecanismos mais eficazes de perda de substâncias orgânicas no ambiente. A biodegradação de uma substância significa geralmente a degradação molecular da mesma devido à ação complexa dos microrganismos. A estrutura complexa pode ser decomposta em compostos fundamentais. A decomposição total dos materiais orgânicos só é possível através da biodegradação que conduz à mineralização.

A mineralização ou biodegradação completa é quase sempre uma consequência da atividade microbiana. A evidência de um papel microbiano nas transformações reside no facto de estes compostos químicos serem transformados em amostras não esterilizadas e não esterilizadas do ambiente natural. A degradação biológica é amplamente aceite como mecanismo primário de dissipação da maioria dos poluentes orgânicos no ambiente. Mas a atividade dos microrganismos de degradação depende de muitos factores, incluindo a absorção e a biodisponibilidade do contaminante, a concentração, a toxicidade, etc. Estudos recentes com o solo e as águas residuais forneceram indicações inequívocas de que está a ocorrer o fenómeno da biodegradação. Estes estudos forneceram provas diretas de que os microrganismos no solo são agentes importantes na destruição dos poluentes atmosféricos. O catabolismo dos pesticidas por microrganismos adaptados do solo envolve normalmente uma hidrólise, com posterior metabolismo e utilização de um ou mais produtos de hidrólise como fontes de carbono ou de nutrientes.

Existem relatórios sobre a utilização de enzimas livres de células de microrganismos adaptados para a hidrólise de pesticidas e a sua desintoxicação. Foi comunicada a desintoxicação de águas e solos poluídos com paratião por uma hidrolase bacteriana. Observou-se que oito dos doze pesticidas organofosforados normalmente utilizados são hidrolisados enzimaticamente. Pensa-se que a hidrólise química e enzimática ocorre na ligação aril P-O. A hidrolase de organofosforados de células *de E.coli* imobilizadas foi isolada para a desintoxicação de organofosforados.

Para obter microrganismos capazes de degradar pesticidas, tem-se tentado estabelecer culturas de enriquecimento aeróbico utilizando várias fontes de inóculo. A cultura de enriquecimento é uma técnica muito valiosa desenvolvida por alguns gigantes da microbiologia no início do século XX. Em 1890, Winogradsky forneceu o primeiro exemplo de uma aplicação consciente do princípio das culturas de enriquecimento no seu trabalho sobre organismos nitrificantes. A essência desta técnica consiste em proporcionar condições de crescimento muito favoráveis para o organismo em causa e tão desfavoráveis quanto possível para os organismos concorrentes.

O papel dos microrganismos na degradação do inseticida organofosforado clorpirifos foi examinado em solos do Reino Unido e da Austrália. A cultura de enriquecimento utilizando o solo australiano como fonte de inóculo levou ao isolamento de uma bactéria que degrada o clorpirifos.

A importância da degradação microbiana dos piretróides no solo foi demonstrada por Walker e Keith (1992). A substância química é degradada mais lentamente em solos esterilizados do que em solos naturais, o que ilustra a importância dos microrganismos na degradação.

5.6 Avaliação da biodegradação

A caraterística crucial dos produtos de uso humano, nomeadamente dos pesticidas, é a sua capacidade de biodegradação. Os ensaios de biodegradabilidade centram-se na medição, em condições normalizadas, da taxa de degradação do composto no ambiente. Foram desenvolvidos e normalizados vários métodos de ensaio laboratorial para investigar e monitorizar os processos de biodegradação. A maioria dos esforços tem-se concentrado em ensaios de biodegradação no ambiente aquático aeróbio. Os métodos de medição da biodegradabilidade podem ser divididos em dois grupos principais: medição direta das concentrações do composto de origem e medição indireta do composto de origem. A bioconversão, tal como: medição da produção de dióxido de carbono, consumo de oxigénio, taxas de consumo de hidrocarbonetos e evolução, são algumas das medidas indirectas. A produção biogénica de dióxido de carbono foi confirmada através da utilização de rácios isotópicos. Quando se avalia a saúde e a atividade de um solo, um método básico é medir a quantidade de dióxido de carbono (CO2) que está a ser respirado pelos microrganismos do solo que estão a decompor substratos orgânicos no solo.

A medição direta pode quantificar o desaparecimento dos compostos de origem, mesmo a baixas concentrações, e é frequentemente utilizada para a determinação da biodegradação primária através da utilização de métodos analíticos específicos para cada substância. Estes incluem a cromatografia gasosa, a cromatografia líquida de alta eficiência, etc. A medição indireta da biodegradação através da utilização de parâmetros sumários, como a CBO e a CQO, é frequentemente fácil e pode ser automatizada. A avaliação do CO_2 e da CBO permite uma determinação exacta dos processos de biodegradação, podendo ser utilizados métodos contínuos para a análise. Em especial, a determinação do produto final dióxido de carbono é um parâmetro importante na estimativa da mineralização de um composto de teste.

A medida em que um produto químico orgânico é mineralizado para CO_2 fornece uma medida definitiva da biodegradação "final" e é particularmente útil na avaliação da biodegradabilidade de substâncias pouco solúveis ou fortemente adsorventes. Uma vez que apenas é necessário conhecer o teor de carbono da substância em estudo para calcular o grau de biodegradação.

Em contraste com outros métodos de análise de resíduos como GC, HPLC, as medições da evolução líquida do CO_2 e^{14} CO_2 são simples e não destrutivas e medem a mineralização final (biodegradação) em vez de uma alteração estrutural possivelmente limitada. São úteis como testes de primeiro nível para avaliar a biodegradabilidade. Ambas as abordagens medem a biodegradação final e ultrapassam as limitações teóricas e técnicas da análise de resíduos. O atual protocolo de ensaio da FDA (1987) considera que um composto orgânico é biodegradável se, durante o período de ensaio, mais de 50% do seu teor de carbono for libertado sob a forma de CO .2

A produção de dióxido de carbono é utilizada como ponto final primário em vários testes de seleção para avaliar o potencial de biodegradação de produtos químicos orgânicos. As experiências de mineralização são efectuadas utilizando um frasco biométrico (Bartha e Pramer, 1965). Hess e

Schrader (2002) efectuaram a mineralização de 2, 4, 6 Trinitrotolueno (TNT) utilizando um balão biometrado. Utilizaram uma bexiga expandida ligada à extremidade exterior do tubo de vidro, para reter os gases provenientes da reação.

Aislabie *et al.* (1989), mediram a produção de dióxido de carbono inoculando frascos Biometer contendo 50 ml de meio de sais de fosfato e 2,56 mMisoquinolina como única fonte de carbono. Os frascos foram incubados a 28°C sem agitação. O CO_2 produzido foi retido em KOH 0,1 N. Periodicamente, as soluções de aprisionamento eram recolhidas. A mineralização foi medida por muitos investigadores através da quantificação da evolução do^{14} CO_2 em frascos biométricos duplicados. Julian *et al.* (2003), avaliaram a evolução do CO_2 utilizando um respirómetro simples.

Os ensaios de evolução do CO_2 atualmente utilizados baseiam-se em métodos publicados na década de 1970 por Sturm e Gledhill (1999). O primeiro ensaio foi modificado pela OCDE e adotado pela União Europeia (UE) e pela Agência de Proteção do Ambiente (EPA) para avaliar a biodegradabilidade "pronta". A Organização para a Cooperação e Desenvolvimento Económico (OCDE) criou os métodos normalizados mais utilizados para os ensaios de biodegradação.

As Diretrizes da OCDE são métodos de rastreio para a avaliação da biodegradabilidade imediata de substâncias químicas e fornecem informações semelhantes aos seis métodos de ensaio descritos na Diretriz de Ensaio 301 A a F da OCDE. Por conseguinte, uma substância química que apresente resultados positivos nesta Diretriz pode ser considerada facilmente biodegradável e, consequentemente, rapidamente degradável no ambiente. O método bem estabelecido da OCDE para o dióxido de carbono (CO_2), baseado no ensaio original de Sturm para avaliar a biodegradabilidade dos produtos químicos orgânicos, através da medição do dióxido de carbono (CO_2) produzido pela ação microbiana, tem sido normalmente a primeira escolha para o ensaio de produtos químicos pouco solúveis e fortemente adsorvidos. É também escolhida para produtos químicos solúveis, mas não voláteis, uma vez que a evolução do dióxido de carbono é considerada por muitos como a única prova inequívoca da atividade microbiana.

Gledhill (1999) efectuou o ensaio de Sturm modificado ao abrigo das diretrizes 301 B da OCDE para determinar o potencial de biodegradação do nonilfenol e do octilfenol e dos seus etoxilatos em água. Mediu a quantidade de dióxido de carbono libertado após a biodegradação da substância em estudo e da substância de referência.

Arthur (2000) utilizou uma variante do método padrão com frascos de Gledhill fechados, em que o CO_2 foi aprisionado nos frascos de ensaio. As armadilhas de CO_2 eram substituídas a intervalos regulares. A norma ISO 14539 é uma variante recente que utiliza frascos fechados e mede o carbono inorgânico (CI) libertado pela biodegradação no espaço livre (os frascos são sacrificados em cada medição). Ambas as variantes evitam o problema da retenção de CO_2 associado ao método normalizado OCDE 301B e o problema concomitante da determinação do intervalo de 10 dias. Permitem também uma melhor precisão (maior número de réplicas) e o ensaio de substâncias voláteis. São aceites pelas autoridades e demonstraram produzir resultados semelhantes aos de outros ensaios de biodegradabilidade prontos.

Campbell *et al.* (2003), utilizaram placas de microtitulação com a capacidade de medir a evolução do dióxido de carbono de todo o solo. Este método facilita a medição em curtos períodos de tempo (4 a 6 h) e não requer a extração e a cultura de organismos. Trata-se de outro método para testar fontes múltiplas de C que envolve a extração da comunidade do solo para uma suspensão aquosa antes da inoculação numa placa de ensaio de microtítulo e a medição do crescimento subsequente.

Recentemente, Strotmann *et al.* (2004) utilizaram um novo e elegante respirómetro baseado na pressão, o método Oxitop, para a medição contínua da condutividade num ensaio em linha da evolução do CO_2 . Este método utilizou a relação linear direta entre a produção de CO_2 e a alteração da condutividade num sistema calibrado e bem especificado. A correlação linear entre a quantidade de CO_2 libertado e a alteração da condutividade pode ser utilizada para determinar com muita precisão o CO_2 formado. Este teste cumpriu os requisitos dos testes de biodegradação normalizados.

5.7 Desenvolvimento de novas estirpes bacterianas

A manipulação genética para o melhoramento de estirpes requer o estabelecimento de vectores adequados para a introdução de genes estranhos nos hospedeiros desejados. O desenvolvimento da engenharia genética, no entanto, tem sido dificultado nas bactérias que são mal caracterizadas geneticamente. O desenvolvimento recente da genética microbiana criou novos procedimentos para a produção de uma grande variedade de produtos. Trata-se da fusão de protoplastos, da amplificação de genes e da chamada tecnologia do ADN recombinante. O ritmo de mutação pode, no entanto, ser forçado pela técnica de fusão de protoplastos. A fusão de protoplastos é um dos métodos para desenvolver uma nova estirpe com as caraterísticas desejadas. É uma técnica versátil utilizada para induzir a recombinação genética numa variedade de procariotas e eucariotas.

O primeiro passo para a fusão de protoplastos é a formação de um protoplasto, a partir de uma célula bacteriana completa. A elaboração de sistemas de transformação genética baseados na fusão de protoplastos e a caraterização dos produtos da fusão foram as principais áreas de investigação. Nos anos oitenta, as aplicações biotecnológicas da fusão de protoplastos ganharam destaque. A aplicação dos chamados protoplastos inactivados no melhoramento de estirpes foi também trabalhada neste período. Esta técnica de recombinação é mais vantajosa do que outras técnicas, como a mutação, porque permite a transferência de um segmento maior do genoma de um organismo para outro.

A técnica de fusão de protoplastos tem sido amplamente estudada como meio de transferência ou recombinação genética. Os parâmetros para uma fusão bem sucedida de protoplastos têm sido estudados ao longo do tempo. A utilização de lisozima, os efeitos da temperatura e do pH na atividade da lisozima ou a medida em que a concentração de sal afecta a atividade da lisozima foram estudados por vários autores. Walling introduziu o PEG para a fusão de protoplastos.

Os protoplastos foram descobertos no início deste século, quando se efectuavam estudos para compreender os fenómenos fisiológicos celulares. Trata-se de formas osmoticamente frágeis de células vivas derivadas da remoção completa da parede celular à sua volta, química ou enzimaticamente. O isolamento de protoplastos sem parede no início da década de 1950 desencadeou uma série de actividades que resultaram num grande avanço no conhecimento da fisiologia celular básica dos procariotas. As principais observações foram que as bactérias (Bacillus sp.) perdiam a sua forma caraterística de bastonete quando a parede era removida pela ação da lisozima.

Algumas das enzimas comuns utilizadas para obter protoplastos incluem

1. Lisozima (N-acetil muramidase; endolisina; endo *β-N-acetil* muramida glicano hidrolase). Esta enzima é obtida a partir da clara do ovo ou de bacteriófagos. Os protoplastos da maioria das bactérias gram positivas e de algumas gram negativas podem ser obtidos com esta enzima. Actua hidrolisando as ligações β (1-4) entre o ácido N-acetil murâmico e a N-acetil glucosamina.
2. Mutanolisina (N-acetil muramoil -L- alanina amidase; mucopeptídeo aminohidrolase) (Ghuysen, 1974). Ajuda na formação de protoplastos de *Streptococcus* e bactérias lácticas.
3. Achromopeptidase (β-metalo-lítica - endopeptidase). As fontes desta enzima incluem *Achromobacterlyticus* e *Lysobacterenzymogenes*. Protoplastos de *Corynebacterium sp.* e *micromonospora sp.* podem ser obtidos utilizando esta enzima.
4. Endo-N-acetilglucosamidases, por exemplo, estreptococcalmuralysin, Streptococcal glycosidase. Os lisados de fagos estafilocócicos e estreptocócicos actuam como fonte destas enzimas. Os protoplastos de *Lactobacillus sp.* podem ser obtidos utilizando esta enzima.

Os protoplastos foram também designados como estruturas esféricas osmoticamente sensíveis, formadas a partir de células totalmente desprovidas das suas paredes celulares. Quando a parede celular protetora é removida, o protoplasto entra rapidamente em equilíbrio osmótico com o meio. Os protoplastos mantêm a forma esférica nesta solução com um intervalo osmótico de 0,2-0,5M. As condições osmóticas durante a formação dos protoplastos devem permitir que as enzimas tenham acesso aos substratos da parede celular, bem como a libertação de enzimas no espaço periplásmico que facilitam a formação dos protoplastos. Estes corpos esféricos parecem ser bastante estáveis durante algumas horas ou dias quando armazenados em meio estabilizador, mas lisam instantaneamente quando transferidos para águas destiladas ou tampões diluídos. A escolha do estabilizador osmótico e a sua concentração devem ser padronizadas para cada organismo.

Flemming (1922) observou que a lisozima da clara de ovo de galinha causava a dissolução da célula viva de Micrococcus *lysodeiktus*. Foi ainda evidenciado que a lisozima podia degradar o mucopolissacárido, que permanece presente na parede celular bacteriana. A parede celular é a primeira estrutura atacada pela lisozima. Observou-se que o substrato da lisozima é a mucopolissaccherida. As células Gram positivas transformam-se facilmente em protoplastos após o tratamento com lisozima.

Os protoplastos podem ser preparados a partir de bactérias Gram positivas apenas pela ação da lisozima. As bactérias gram-positivas têm uma parede celular espessa com mais de 2000 A. É constituída basicamente por uma fina camada exterior de ácido teicóico e uma camada interior de mucopeptídeos. A parede celular das bactérias gram-negativas é também uma estrutura complexa, mas a membrana externa é mais fina. Esta é a razão pela qual os organismos gram positivos e gram negativos reagem de forma diferente com a lisozima. Considera-se que a totalidade da parede celular não é igualmente suscetível de ser destruída pela enzima. O componente interno das bactérias gram positivas decide a sensibilidade efectiva à enzima de lise. Nas bactérias gram-negativas, o caso é oposto. A parede celular das bactérias gram-negativas contém lipopolissacáridos, proteínas e mucopeptídeos do exterior para o interior. No caso das bactérias gram-negativas, o maior obstáculo é a eliminação da membrana externa e a conversão dos esferoplastos em verdadeiros protoplastos. Para este problema, Weiss (1976), descreveu o tratamento com lisozima e EDTA.

Foram obtidos protoplastos verdadeiros de *E. coli* (uma bactéria gram-negativa) utilizando a ação combinada de EDTA (ácido etilenodiaminotetracético) e lisozima. Weibull (1957) descreveu a conversão de células *de E. coli* em corpos osmoticamente frágeis pela ação da lisozima apenas, desde que o pH do meio fosse ajustado para 5, 8 ou 9. Mc Quillen (1955a, b) obteve uma conversão de células *de E. coli* em corpos esféricos, osmoticamente frágeis, cultivando um mutante bloqueado na síntese de DAP.

Zakharova et al. (1983), testaram os métodos de preparação e regeneração de protoplastos relativamente às estirpes de *Fusidiumcoccineum* e concluíram que o valor do pH e o componente osmoticamente estabilizador tinham algum efeito na taxa de formação de protoplastos.

Os protoplastos bacterianos e formas relacionadas são estruturas frágeis que podem ser degradadas de várias maneiras, por exemplo, chocando-os osmoticamente, agitando-os com ar ou por tratamentos com enzimas. Foi provado que a diminuição da concentração de sacarose provoca uma degradação gradual da integridade estrutural dos protoplastos. A ribonuclease ou a desoxirribosenuclease afectaram a degradação parcial. Estas enzimas degradam seletivamente o ARN e o ADN dos protoplastos suspensos em fosfatos em fragmentos solúveis em ácido. Microscopicamente, os protoplastos submetidos a choque osmótico mantiveram a forma e o tamanho dos corpos não tratados, mas apresentaram uma densidade ótica inferior. A turvação (DO) da suspensão de protoplastos está inversamente relacionada com o volume dos protoplastos e apresenta alterações dramáticas quando os protoplastos são lisados.

Outro exemplo de estruturas totalmente sem parede inclui as formas L e os esferoplastos. Weibull (1958) observou que, a semelhança marcante entre protoplastos, esferoplastos e formas L é que todos eles não têm uma parede celular rígida. São, portanto, macios, frágeis e pleomórficos. De acordo com as definições mais amplamente aceites, as formas L são capazes de crescer e dividir-se até certo ponto, enquanto os protoplastos podem ser capazes de aumentar a sua massa até certo ponto, mas são incapazes de se dividir. Nos esferoplastos observa-se que a camada interna está ausente e existe uma camada externa resistente, que impede a formação do protoplasto.

A quantificação dos protoplastos pode ser feita diretamente através de contagens hemocitométricas, medindo a absorvância, ou indiretamente, submetendo os protoplastos resultantes a lise osmótica e enumerando as células viáveis, cultivando-as em meios nutritivos desprovidos de estabilizador osmótico. As células viáveis e não viáveis podem ser diferenciadas através de uma técnica de coloração especial.

A transferência de genes entre estirpes muito divergentes pode ser efectuada de forma mais rentável através da transformação de protoplastos com ADN aplicando técnicas de fusão.

No decurso da fusão, as células bacterianas ou fúngicas são despojadas das suas paredes celulares externas resistentes, expondo as suas membranas celulares finas. Uma vez que as membranas celulares da maioria das espécies têm a mesma composição, os protoplastos resultantes de diferentes espécies de microrganismos podem ser induzidos a fundir-se e o produto assim formado pode regenerar a sua própria parede celular. O híbrido transporta os traços genéticos dos seus progenitores. Muitas espécies de Streptomyces foram cruzadas desta forma para acelerar materialmente a taxa de emergência de células recombinantes.

Os protoplastos derivados de estirpes diferentes da mesma espécie, de espécies ou géneros diferentes podem ser fundidos utilizando fusogéneos químicos ou forças físicas para formar um protoplasto híbrido. Os protoplastos híbridos que contêm genomas de cada um dos progenitores são designados biparentais. Os progenitores são misturados num ambiente que facilita a fusão com um mínimo de danos nas células. Verificou-se que a frequência de recombinação é independente da proporção em que os progenitores são misturados, desde que um dos progenitores não produza produtos tóxicos para os outros. A fusão de protoplastos pode ser útil não só em cruzamentos entre estirpes estreitamente relacionadas, mas também entre géneros não relacionados.

Anteriormente, a força centrífuga ou a agregação intensiva de protoplastos em estabilizador osmótico KCl frio eram aplicadas para a fusão. A primeira fusão controlada de protoplastos e a complementação com o fungo filamentoso *Geotrichum sp.* foi efectuada por centrifugação a 2000 rpm na presença de KCl. Após a descoberta do PEG (polietilenoglicol), foi efectuada a primeira fusão interespecífica de protoplastos entre *Bacillus megaterium* e *B.subtillus.* Desde então, o PEG está a ser utilizado como fusogénio numa vasta gama de combinações.

A sequência da fusão começa com a aglutinação dos protoplastos causada pela desidratação intensa. Os protoplastos encolhem e distorcem-se. Grandes áreas de protoplastos adjacentes entram em contacto estreito. Segue-se a translocação da membrana interna no local de contacto e agregação. O passo seguinte é a interação lípido-lípido entre as membranas adjacentes desnudadas por proteínas. A perturbação e a reorganização das moléculas lipídicas, fortemente promovidas pelos iões Ca++, resultam na fusão de pequenas regiões das membranas em contacto. Formam-se pequenas pontes citoplasmáticas, que depois se alargam e os dois protoplastos fundem-se. A etapa de ativação das membranas requer uma concentração elevada de PEG. Depois disso, é necessária a remoção parcial do PEG da suspensão através da diluição para obter frequências de fusão elevadas. Na fusão de protoplastos bacterianos, o PEG 6000 (PEG de elevado peso molecular na gama de 25-60 %) dá os melhores resultados. Anne e Peberdy (1975) efectuaram um estudo exaustivo das condições que influenciam a eficiência do PEG.

Tsao *et al* (1987) utilizaram o polietilenoglicol (PEG) como fator fusogénico para a fusão de protoplastos portadores de plasmídeos clonados, que exprimiriam marcadores específicos com a linha de células leucémicas humanas K562. Chen et al., 1988, utilizaram PVA (álcool polivinílico) e PEG como fusogéneo e examinaram em pormenor os efeitos das suas concentrações na regeneração e fusão de protoplastos em *E. coli.* Observaram que, com um aumento da concentração de PVA, a frequência de regeneração diminuía gradualmente, enquanto a frequência de fusão aumentava e atingia o máximo a uma concentração de PVA de 40%. Em contrapartida, o PEG influenciou grandemente a frequência de fusão, diminuindo a regeneração dos protoplastos. A presença de PEG ou PVA conduz geralmente à morte celular resultante de uma desidratação extrema. Os seus resultados indicaram que o PEG era muito mais tóxico para os protoplastos do que o PVA. A utilização de PVA como fusogénio resultou numa frequência de fusão 102 a 103 vezes superior à obtida com PEG.

As frequências de fusão são avaliadas através de diferentes métodos. Frehel (1979), utilizando mutantes de *B.subtilis* bloqueados na fase de pré-esporo, fundiu os protoplastos. A presença de dois ou mais pré-esporos em secções observadas ao microscópio eletrónico constituiu um bom índice da frequência de fusão. Numa outra experiência, permitiu-se que duas estirpes de *B. subtilis*, lisogénicas para um profago, se fundissem, tendo a fusão sido avaliada por plaqueamento do protoplasto na presença de bactérias indicadoras. Os protoplastos fundidos em que ocorreu a complementação formaram centros infecciosos que produziram fagos. Em ambos os métodos, as frequências obtidas em *B. subtilis* estavam de acordo com as obtidas por análise de recombinação.

O trabalho genético de fusão de protoplastos ou de transformação de protoplastos com ADN plasmídico requer a regeneração bem sucedida dos protoplastos numa cultura celular completa. A regeneração do protoplasto é um requisito prévio para todas as experiências que utilizam a hibridação somática e a manipulação genómica na célula bacteriana. Este processo envolve o restabelecimento total da morfologia bacteriana caraterística e do habitat de crescimento, que pode incluir outros processos para além da biossíntese da parede celular. A série de acontecimentos sequenciais que se iniciam no estádio de protoplasto e conduzem ao estádio de célula normal tem sido designada por regeneração de protoplastos ou reversão de protoplastos. O termo reversão pode ser utilizado num sentido restrito para designar o acontecimento em todo o processo de reparação, que se caracteriza pela renovação do controlo do ciclo celular que conduz ao estado normal da célula. Nesta terminologia, a regeneração de protoplastos inclui dois processos-chave: (a) a regeneração da parede celular e (b) a reversão do protoplasto com parede.

A frequência da reversão dos protoplastos depende das condições de regeneração, da natureza da coloração e de vários factores fisiológicos. A eficiência da regeneração foi fortemente dependente das temperaturas de incubação para o crescimento celular e para a regeneração de protoplastos. As temperaturas de crescimento celular necessárias para a formação eficiente de protoplastos variaram de espécie para espécie. Foi obtida uma frequência de regeneração superior a 50% com *Streptomyces rimosus* através da otimização da concentração do estabilizador osmótico. Em *Streptomyces,* foram observadas 100% de células viáveis regeneradas, mesmo quando colocadas em placas com concentrações elevadas de estabilizadores. O meio de regeneração pode ser um meio mínimo hipertónico, um meio semi-sintético ou um meio enriquecido. Em algumas experiências, o próprio meio de regeneração pode ser o meio seletivo de diagnóstico contendo agentes selectivos, o que pode resultar na perda de recombinantes.

O melhoramento de estirpes é a aplicação mais importante da fusão de protoplastos. Tem sido explorada industrialmente para a produção de produtos quantitativa e qualitativamente melhorados, como enzimas, antibióticos, solventes, etc. As fusões interespecíficas e intergenéricas de protoplastos têm sido largamente utilizadas neste contexto. A fusão de *Brevibacterium titanjinense* e *Corynebacterium crenatum* para a produção de ácido glutâmico permitiu aumentar o rendimento da produção de aminoácidos.

Chen et al. (1986) já tinham relatado um sistema bem sucedido de fusão de protoplastos intergenéricos entre *Fusobacterium varium* e *Enterococcus faecium* em condições anaeróbias para aumentar a degradação da dehidrodivanilina (DDV). Foi registado um sucesso semelhante através da fusão de protoplastos noutras bactérias.

Outros exemplos de fusões de protoplastos intergenéricos para o melhoramento de estirpes incluem *Brevibacterium flavum* e *Corynebacterium glutamicum* para a produção de L-Arginina. *Cellulomonas fimi* e *Brevibacterium divaricatum* para a produção de ácido glutâmico.

Atualmente, a maioria dos laboratórios que se dedicam à genética de fungos utiliza procedimentos de manipulação genética baseados em protoplastos. A reprodução de fungos por mutagénese e fusão de protoplastos tornou-se um método útil para a reprodução em microbiologia. A formação de heterocariões, um pré-requisito para o ciclo sexual de Para, parece ser limitada pela existência de incompatibilidade vegetativa em muitos fungos. Esta limitação pode ser ultrapassada pela fusão de protoplastos em muitos fungos, e esta tecnologia é um método valioso para a hibridação intra e interespecífica.

Smitha *et al.* (2003) efectuaram uma fusão intergenérica entre estirpes de *Aspergillus niger* e *Penicillium digitatum* para aumentar a produção de Verbenol (um aroma alimentar), para melhorar ainda mais as propriedades genéticas destas estirpes utilizando a fusão de protoplastos.

Carnerio *et al.* (2002), trabalhando com *Streptomyces clavuligerus, observaram* que as técnicas de formação e regeneração de protoplastos resultaram numa nova estirpe de *Streptomyces clavuligerus* que produzia aproximadamente 2,5 vezes mais ácido clavulânico. Brooks e Itah (2004), trabalhando com a fusão de protoplastos entre estirpes de leveduras *Saccharomyces cerevisiae* e *Saccharomyces carlsbergensis*, desenvolveram uma nova estirpe com maior capacidade de degradação de petróleo bruto.

5.8 Referências selecionadas

Alexander, M. (1981).Biodegradação de produtos químicos de interesse ambiental. *Science*; 211: 132-139.

Arthur, T.(2000).Instalações de ensaio de biodegradabilidade e metabolismo.TNO Chemistry, pp1- 2: *www.chemie.tno.nl*

Bartha, R. e D. Pramer (1965). Caraterísticas de um frasco e método para medir a persistência de pesticidas no solo. *Soil Sci.*; 100, 68-70.

Battersby, N. S. (1997). O teste de biodegradação de CO2 no espaço livre IS0. *Chemosphere*; 34(8):1813-1822.

Birch, R.R. eFletcher, R.J. (1991). The application of dissolved inorganic carbon measurements to the study of aerobic biodegradability. *Chemosphere*; 23: 507524.

Boatman, R.J., Cunningham, S. L. e Ziegler, D. A. (1986). Um método para medir a biodegradação de produtos químicos orgânicos. *Environ. Toxicol. Chem.*; 5: 233-243.

Chapalamadugu, S., Chaudhary, G. R. (1992). Aspectos microbiológicos e biotecnológicos do metabolismo de carbamatos e organofosforados. *Crit.rev.Biotechno*; 12:357-389.

Chen, W., Ohmiya, K. e Shimizu, S. (1987).Fusão de protoplastos intergenéricos entre *Fusobacterium varium* e *Enterococcus faecium* para aumentar a desidrodivanilina degradação. *Appl.Environ.Microbiol.*53: 542-548.

Deshpande, V. (2000). Agora, biólogos para tratar a contaminação por pesticidas. TERI www.financialexpress.com/fe/daily/ 20001129/faf26006.html.

Dhar, M.L. (1981). Tecnologia microbiana e engenharia genética. *Indian journal pharmacology*;14(1): 1-9.

Faust, S D. e Gomma, H. M. (1957). Hidrólise química de alguns pesticidas organofosforados e carbamatos em ambientes aquáticos. *Environ. Letters*; 3:171-201.

Gokhale, D.V.,Puntambeker, U.S. e Deobagker, D. N. (1993).Fusão de protoplastos: Uma ferramenta para a transferência intergenérica de genes em bactérias. *Biotechnology advances*;11 : 199-217

Janet, D. (2000).Pesticidas;*Extonet,pp.*1-10 *www/ace.ace.orst.edu/info/extoxne*

Ji-Dong, Gua, B. (2003). Deterioração microbiológica e degradação de materiais poliméricos sintéticos: avanços recentes na investigação. *International Biodeterioration* and *Biodegradation*; 52: 69 - 91.

Larson, R. J. (1979). Estimativa do potencial de biodegradação de produtos químicos orgânicos xenobióticos. *Appl.Environ. Microbial*; 38: 1153-1161.

Martin, A. (1980).Biodegradação de produtos químicos de interesse ambiental. *Science*; 211:132-138.

Morgan, P., Watkinson, R. J. (1989). Métodos microbiológicos para a limpeza de solos e águas subterrâneas contaminados com compostos orgânicos halogenados. *FEMS Microbiology Review*; 63: 277-300.

Munnecke, D.M.,Johnson, L. M.,Talbot,H.W. and Barik, S. (1982).Microbial metabolism and enzymology of selected pesticides, in, A.M. Chakraborty ed. Biodegradation and detoxification of Environmental pollutants.C.R.C. Press, Florida.pp-1-31.

Diretriz da OCDE para o ensaio de produtos químicos 301B (1992). Biodegradabilidade pronta - Evolução do CO_2 (Teste de Sturm modificado).Paris Cedex.

Prince, R.C. (1996). Biorremediação de derrames de petróleo em ambientes marinhos. *Rev. Microbiol.*; 19: 217-242,

Richardson, M. (1998). Pesticidas - amigo ou inimigo? *Water Sci. Technol.*; 37:19-25.

US Food and Drug Administration (1987). Environmental Assessment Technical Assistance Hand book PB87-175345, National technical information service, Washington D.C.

Van, E. J. (1994). Venting and bioventing for the in situ removal of petroleum from soil, em Hydrocarbon Bioremediation, in, Lewis Pub, Boca Raton, pp-243-51.

Capítulo 6:
Bioremediação de resíduos de corantes

6.1 Introdução

O aumento do número de indústrias ou estabelecimentos industriais resultou na eliminação de efluentes industriais, causando poluição do ar, da água, do solo e dos resíduos sólidos. Estes materiais eliminados têm uma elevada capacidade de persistência e podem transformar-se em compostos tóxicos recalcitrantes quando se combinam com outros materiais ecológicos ou produtos fabricados pelo homem. A despoluição é a única forma de lidar com estes compostos xenobióticos e de reduzir o perigo por eles causado. Apesar de terem sido implementadas várias práticas para a degradação destes compostos recalcitrantes, está provado que a bioremediação tem um impacto significativo sobre eles. A aglomeração de corantes é a principal causa da persistência de xenobióticos. Vários processos industriais, como a indústria têxtil, a impressão de papel e a fotografia, utilizam extensivamente corantes sintéticos, que normalmente têm estruturas moleculares aromáticas complexas. A proteção do ambiente consiste em reduzir a bioacumulação e as bioampliações de vários xenobióticos através de várias estratégias de biodegradação, tais como a bioremediação, a fitoremediação microbiana e a fitoremediação e a fotocorrecção, utilizando técnicas catalíticas

William Henry Perkin, em 1856, sintetizou o primeiro corante malva a partir de produtos químicos derivados do carvão e desenvolveu o processo de produção deste novo corante. O processo de produção deste novo corante tem dois pré-requisitos principais: a presença de um cromóforo, que produz a cor do corante, e de um grupo auxocromo, que são aminas formadoras de sal, radicais hidroxilo e radicais sulfónicos, de natureza ácida ou básica. Os cromóforos estão ligados por ligações químicas estáveis aos auxocromos com os quais têm afinidade.

Na Índia, a produção de corantes está estimada em cerca de 60 000 toneladas. Existem cerca de 700 variedades de corantes e produtos intermédios de corantes produzidos na Índia. O enorme crescimento de mais de 50% da indústria indiana de corantes durante a última década torna-a o segundo maior produtor de corantes e produtos intermédios na Ásia. Na Índia, os corantes são consumidos principalmente pelas indústrias têxtil, de tintas e de tintas de impressão.

A indústria têxtil descarrega grandes quantidades de efluentes de águas residuais que contêm corantes residuais no ecossistema, o que leva à deterioração da qualidade da água e constitui uma fonte de poluição, eutrofização e ameaça para a vida aquática, tendo efeitos adversos na saúde pública, uma vez que a maioria dos corantes e os seus intermediários metabólicos são mutagénicos e cancerígenos.

Os corantes são classificados com base nas suas utilizações e aplicações da seguinte forma:

1) **Corantes sintéticos:** Estes corantes sintéticos são xenobióticos, uma vez que não são sintetizados na biosfera e resistem à mineralização no sistema convencional de águas residuais. Durante a aplicação e fabrico, os corantes são perdidos como efluentes.

2) **Corantes reactivos:** Um terço dos corantes utilizados para a celulose são reactivos e uma quantidade crescente é utilizada na lã. Estes corantes utilizam um cromóforo ligado a um

substituinte que é capaz de reagir diretamente com o substrato da fibra. As ligações covalentes que ligam os corantes reactivos às fibras naturais fazem com que sejam dos corantes mais permanentes. Os corantes reactivos "frios" são o Procion MX, o Cibacron F e o Drimarene K. Isto leva à presença de corante reativo (inerte) nos fluxos de águas residuais, que é difícil de isolar por ser solúvel em água.

3) **Corantes diretos:** Estes corantes são utilizados em algodão, papel, couro, lã, seda e nylon. São também utilizados como indicadores de pH e como corantes biológicos. 75% do consumo destes corantes destina-se ao tingimento de fibras de celulose. Os corantes diretos são moléculas longas e planas que podem alinhar-se com as macromoléculas das fibras, resultando no alargamento da molécula. Com a adição de cloreto de sódio ou de sulfato de sódio. Predominam os compostos de amónio quaternário com longas cadeias de hidrocarbonetos, que formam compostos semelhantes a sais com a molécula do corante.

4) **Corantes de cuba:** Os corantes de cuba são compostos insolúveis em água, geralmente à base de antroquinona ou índigo. Estes não são biodegradáveis, uma vez que a sua estrutura molecular é demasiado grande para ser absorvida por células bacterianas inteiras.

5) **Corantes ácidos:** Estes corantes são mais frequentemente utilizados para tingir fibras proteicas como a lã e a seda, referindo-se o termo "ácido" ao facto de se utilizar ácido ou um composto produtor de ácido no banho de coloração. São corantes aniónicos solúveis em água que são aplicados a fibras como a seda, a lã, o nylon e as fibras acrílicas modificadas utilizando banhos de corantes neutros a ácidos.

6) **Corantes básicos:** Estes corantes são utilizados para tingir fibras de polipropenonitrilo (acrílico) com carácter ácido. Pensa-se que o mecanismo pelo qual os corantes básicos são absorvidos pelas fibras acrílicas é o da troca iónica, análogo ao mecanismo pelo qual os catiões das fibras ácidas são substituídos pelos catiões do corante.

7) **Corantes de enxofre:** São utilizados em fibras celulósicas. Os corantes de enxofre são utilizados em fibras celulósicas para produzir cores escuras como o preto, o castanho, o azeitona e o verde. Tal como os corantes de cuba, são misturas insolúveis que estão presentes no banho de tinta como derivados de leuco, que são depois oxidados na fibra para dar a cor desejada, que é normalmente muito rápida de lavar. O Sulphur Black 1 é o corante mais vendido em volume.

8) **Corantes Mordentes:** Estes corantes requerem um mordente, que melhora a solidez do corante contra a água, a luz e a transpiração. A escolha do mordente é muito importante, uma vez que um mordente diferente pode alterar significativamente a cor final. A maioria dos corantes naturais são corantes mordentes, pelo que existe uma vasta literatura que descreve as técnicas de tingimento. Os corantes mordentes mais importantes são os corantes mordentes sintéticos, ou corantes de cromo, utilizados para a lã; estes compreendem cerca de 30% dos corantes utilizados para a lã e são especialmente úteis para os tons de preto e azul-marinho. O

mordente, dicromato de potássio, é aplicado como um pós-tratamento. É importante notar que muitos mordentes, nomeadamente os da categoria dos metais pesados, podem ser perigosos para a saúde, pelo que a sua utilização deve ser feita com extremo cuidado.

Com base na estrutura química do cromóforo, os corantes são classificados em: Acridina, Antraqunona, Oxazina, Oxazona, Azo, Corantes de arilmetano: Diarilmetano e Triarilmetano, Corantes de azina: Corantes Eurhodin e Safranin, Nitro, Nitroso, Indamins, Diazónio, Ftalocianina, Quinona-imina, Indofenol, Tiazina, Tiazole Xanteno, Fluoreno, Pironina, Flurorona, Rodamina, etc.

Vários corantes da indústria têxtil são conhecidos por serem perigosos para a saúde humana. Os corantes causam vários problemas de saúde O contacto com os olhos causa uma ligeira irritação, com possível vermelhidão. Quanto à ingestão, doses orais elevadas podem causar perturbações gastrointestinais. Não foram identificados efeitos tóxicos sistémicos. O contacto com a pele pode provocar uma ligeira irritação. A inalação provoca irritação do trato respiratório. Os sintomas incluem tosse e falta de ar.

Alguns corantes reactivos são reconhecidos como sensibilizadores respiratórios. A inalação de sensibilizadores respiratórios pode causar asma profissional. Uma vez sensibilizada uma pessoa, a reexposição, mesmo a quantidades muito pequenas do mesmo corante, pode provocar sintomas alérgicos, como corrimento nasal ou nariz entupido, olhos lacrimejantes ou irritados, pieira, aperto no peito e falta de ar. Alguns corantes podem causar reacções alérgicas semelhantes na pele. Alguns corantes reactivos, de cuba e dispersos são reconhecidos como sensibilizadores da pele. Pensa-se que um pequeno número de corantes, baseados na substância química benzidina, pode causar cancro.

A primeira produção de corantes azo foi em 1858, quando P. Gries descobriu o mecanismo de reação, diazotização, para a produção de corantes azo. A sua estrutura química é caracterizada por um ou mais grupos N=N- azo. A fórmula geral para a produção de corantes azo requer dois compostos orgânicos, um componente de acoplamento e um composto diazo. O grupo azo é substituído por grupos benzeno e naftaleno que podem conter substituintes como o cloro (-Cl). Metil (-CH3), nitro (-CH2), amino (-NH2), hidroxilo (- OH2) e carboxilo (-COOH2).

Em 1895, foi observado um aumento das taxas de cancro da bexiga em trabalhadores envolvidos no fabrico de corantes. Pensa-se que a toxicidade microbiana dos corantes azóicos é causada pela intercalação dos compostos corantes entre os pares de bases do ADN, pela difusão das moléculas corantes através da membrana celular e pela inserção entre os pares de bases.

A degradação dos corantes azóicos leva à produção de metabolitos como a 1,4 fenilenodiamina, o 1-amino-2-naftol e a benzidina, que são tóxicos por natureza. As aminas aromáticas formadas durante a redução do corante azo podem ser responsáveis pelos efeitos inibitórios, porque estes intermediários podem atravessar mais facilmente as membranas celulares e afetar a estrutura do ADN. A parte mutagénica da maioria dos corantes mutagénicos pode ser atribuída à presença de partes de p-fenilenodiamina e benzidina.

No que diz respeito ao impacto ambiental, a presença de quantidades muito pequenas de efluentes de fábricas têxteis tem vários efeitos no ambiente, tais como,

i) Se o corante na água for muito visível, afecta o mérito estético da água, a transparência da água e a solubilidade do gás nas massas de água.

ii) O maior problema dos corantes é a sua absorção e reflexão da luz solar que entra na água, o que interfere com as bactérias e as plantas, afectando o equilíbrio ecológico. Assim, a perda de corantes nas massas de água tornou-se um perigo ecológico.

iii) Os corantes são também tóxicos na natureza e têm baixa biodegradabilidade. Alguns corantes e os seus precursores, bem como os seus produtos de transformação, como as aminas aromáticas, são tóxicos, mutagénicos e cancerígenos por natureza e têm a capacidade de bioacumulação na cadeia alimentar. O tratamento dessas águas residuais é, por conseguinte, difícil.

iv) Os corantes podem ser prejudiciais para a população microbiana nas instalações de tratamento e podem conduzir a uma diminuição da eficiência e do tratamento nessas instalações.

No México, os campos e rios perto das fábricas de jeans estão a ficar azul-escuros devido aos efluentes de tinturaria não tratados e não regulamentados. As fábricas que produzem calças de ganga para a Levi e a Gap despejam diretamente no ambiente águas residuais contaminadas com índigo sintético. Os residentes locais e os agricultores relatam problemas de saúde e interrogam-se se os alimentos que são obrigados a cultivar nos campos próximos são seguros para consumo.

6.2 Métodos químicos para o tratamento de corantes têxteis

Nos últimos anos, os esforços têm-se concentrado em numerosas técnicas químicas e físicas para o tratamento de resíduos de corantes azóicos. Estas técnicas incluem a floculação combinada com a flotação, a electroflotação, a floculação com Fe (II)/Ca (OH2), a filtração por membrana, a coagulação eletrocinética, a destruição eletroquímica, a permuta iónica, a irradiação, a precipitação, a ozonização, a adsorção e o método de tratamento Katox, que envolve a utilização de carvão ativado e uma mistura de ar.

Todos estes métodos físico-químicos apresentam diferenças em termos de resultados de remoção de cor, capacidade de volume, velocidades de funcionamento e custos envolvidos. Também tem havido dificuldades na utilização excessiva de produtos químicos e na geração de lamas, problemas de eliminação e despesas de instalação e funcionamento, falta de remoção efectiva da cor e formação de subprodutos perigosos.

6.3 Bioremediação de corantes têxteis

A utilização de sistemas de biorremediação pode reduzir os problemas de resíduos perigosos de corantes e é rentável, respeitadora do ambiente e produz menos lamas. Os microrganismos desempenham um papel crucial na biorremediação de biopolímeros e compostos xenobióticos como os corantes azóicos. O tratamento dos resíduos de corantes inclui a mineralização dos corantes em compostos inorgânicos inofensivos, como o dióxido de carbono e a água, e a formação de uma menor quantidade de lamas inofensivas. Existem vários processos de biorremediação utilizados para a descoloração e degradação de resíduos de corantes que incluem: i) Abordagem enzimática em que enzimas como peroxidases de plantas microbianas e polifenol oxidases foram consideradas para o tratamento de corantes. ii) Bioaumento iii) Descoloração bacteriana em que as bactérias são utilizadas para descolorar corantes por adsorção ou biodegradação. As bactérias efectuam a biorremediação por via aeróbia ou anaeróbia. iv) Descoloração fúngica, em que as enzimas fúngicas actuam sobre os corantes. v) Descoloração por levedura vi) Descoloração por algas e cianobactérias.vii) Descoloração por Sphingomonads viii) Utilização de probióticos ix) Manipulação de genes x) Fitorremediação

6.4 Tratamento de corantes com enzimas

As enzimas podem atuar sobre uma vasta gama de substratos e podem também catalisar a degradação ou a remoção de poluentes orgânicos presentes em concentrações muito baixas nos locais contaminados.

As várias enzimas utilizadas nos processos de bioremediação são as seguintes

i) Oxidoredutases microbianas

As oxidorredutases podem desintoxicar xenobióticos tóxicos, como os compostos fenólicos ou anilínicos, através da polimerização, copolimerização com outros substratos ou ligação a substâncias húmicas. Os compostos fenólicos clorados estão entre os resíduos recalcitrantes mais abundantes encontrados nos efluentes. Muitas espécies de fungos são consideradas adequadas para a remoção de compostos fenólicos clorados dos ambientes contaminados. A atividade dos fungos deve-se principalmente à ação de enzimas oxidoredutases extracelulares, como a lacase, a manganês peroxidase e a lenhina peroxidase, libertadas do micélio fúngico para o ambiente circundante.

ii) Monooxigenases

As monooxigenases incorporam um átomo da molécula de oxigénio no substrato. As monooxigenases actuam como biocatalisadores no processo de bioremediação. A dessulfurização, a desalogenação, a desnitrificação, a amonificação, a hidroxilação, a biotransformação e a biodegradação de vários compostos aromáticos e alifáticos são catalisadas pelas monooxigenases.

iii) Peroxidases microbianas

As peroxidases catalisam a oxidação da lenhina e de outros compostos fenólicos à custa de peróxido de hidrogénio (H2O2) na presença de um mediador. Exemplos de algumas peroxidases envolvidas no processo de bioremediação são a lignina peroxidase (LiP) e a manganês peroxidase.

v) Lacases microbianas

As laccases (p-difenol: dioxigénio oxidoredutase) constituem uma família de oxidases multicopo produzidas por certas bactérias e fungos que catalisam a oxidação de uma vasta gama de substratos fenólicos e aromáticos reduzidos, com redução concomitante do oxigénio molecular em água. Estas enzimas estão envolvidas na despolimerização da lenhina, o que resulta numa variedade de fenóis. Além disso, estes compostos são utilizados como nutrientes para microrganismos ou despolimerizados em materiais húmicos pela lacase.

Foram efectuados estudos sobre a utilização da lacase bacteriana na biotransformação de corantes sintéticos. A lacase foi estudada pela primeira vez por Gabriel Bertrand em 1894. A lacase recombinante é uma enzima bacteriana termoactiva e intrinsecamente termoestável de Bacillus subtilis, extensivamente estudada a nível bioquímico e estrutural, que possui a robustez previsível para aplicações biotecnológicas. Esta enzima bacteriana não requer a adição de mediadores redox para a descoloração de uma vasta gama de corantes estruturalmente diferentes e apresenta uma atividade óptima na gama de pH alcalino, caraterísticas distintivas quando comparada com as lacases fúngicas. A CoA-lacase bacteriana recombinante de Bacillus subtilis é capaz de descolorir, a pH alcalino e na ausência de mediadores redox, uma variedade de corantes sintéticos estruturalmente diferentes. A biotransformação ocorre num amplo intervalo de temperaturas (30-80 °C) e mais de 98% do Sudan Orange G é descolorido em 7h utilizando 1UmL-1 de Cot Alaccase a 37 °C.

Verificou-se que a estirpe DSM 11269 de Trametes versicolor descolora seis de sete corantes sintéticos diferentes quando cultivada em placas de ágar contendo corantes. Utilizando um extrato de enzima lacase, enriquecido a partir do sobrenadante da cultura líquida do fungo, os corantes derivados de antraquinona (Alizarin Red S e Remazol Brilliant Blue R) foram descolorados em três horas a 50°C em 55 e 70%, respetivamente. Os quatro compostos azóicos (Amaranth, Cibacron Brilliant Red 3B-A, Diret blue 71 e Reactive Black 5) e a molécula de índigo (Indigo Carmine) apresentaram uma maior resistência à descoloração (<10% em 6 horas), embora o Amaranth, o Reactive Black 5 e o Indigo Carmine tenham sido descolorados eficazmente pelo Versicolor em ensaios de placa de ágar.

6.5 Bioaumentação dos corantes azóicos

A bioaumentação de águas residuais de corantes azóicos com estirpes microbianas altamente eficazes proporciona um processo mais fiável, no qual o gestor do processo utiliza estirpes bacterianas que visam produtos químicos e metabolitos de corantes específicos para conseguir uma mineralização completa. A bioaumentação é um processo em que vários microrganismos, incluindo os indígenas de tipo selvagem ou geneticamente modificados, são introduzidos no bioreactor ou nos locais poluídos para acelerar os processos biológicos desejados e obter resultados mais consistentes. Refere-se à utilização de estirpes selecionadas de bactérias, em oposição à utilização de culturas microbianas não específicas, como as das lamas activadas, que conduzem a resultados inconsistentes, como o facto de 90% das lamas não serem tratadas.

A estirpe AS96 de Shewanella putrefaciens, purificada a partir de uma lama activada, foi capaz de descolorir quatro corantes azóicos estruturalmente diferentes (Acid Red-88, Reactive Black-5, Diret Red 88 e Disperse Orange-3) num meio líquido e manteve uma elevada taxa catabólica quando introduzida numa comunidade microbiana mista de lamas activadas. A taxa de descoloração do corante foi quase idêntica à da cultura pura e à da lama bioaumentada. Do mesmo modo, foi demonstrado que as estirpes bacterianas pertencentes ao género Sphinogomonas degradam os corantes azóicos. Uma estirpe identificada como S. xenophaga QYY foi utilizada para degradar um intermediário do corante de antroquinina, o ácido de bromoamina (BAA).

O processo de bioaumentação envolve a utilização de culturas mistas de microrganismos e, da mesma forma, pode resultar numa eficiência de tratamento variável, dependendo das capacidades das estirpes individuais para competir com as populações indígenas que estão frequentemente bem aclimatadas às condições ambientais existentes. Por exemplo, Escherichia coli DH5a aumenta a eficiência de descoloração de P. luteola, embora DH5a não seja um descolorante ativo de corantes azóicos entre a comunidade microbiana. Neste caso, os metabolitos extracelulares expressos por DH5a estimularam a atividade de descoloração de P. luteola. Vários estudos demonstraram que a bioaumentação com bactérias selecionadas pode ser utilizada para facilitar a degradação de compostos de corantes azóicos em águas residuais.

6.6 Papel das bactérias na descoloração de corantes

O tratamento das águas residuais têxteis envolve métodos físicos ou químicos. Mas tanto os métodos físicos como os químicos têm muitas deficiências. Atualmente, muita investigação tem-se centrado na utilização da biodegradação de efluentes utilizando sistemas biológicos, como as bactérias, como meio de biodegradação de efluentes industriais e têxteis. A biomassa pode absorver os cromóforos e reduzi-los em ambientes de baixo potencial redox. As caraterísticas atractivas destes sistemas são o baixo custo, a atividade renovável e regenerativa e a pouca ou nenhuma perigosidade secundária. Muitos dos isolados bacterianos conhecidos que podem descolorir corantes azóicos só o podem fazer em condições estáticas ou anaeróbias, por exemplo, Bacteroides sp., Eubacterium sp., Clostridium sp., Proteous vulgaris e Streptococcus faecalis. A descoloração aeróbia dos corantes azóicos também pode ser efectuada na presença de fontes externas de carbono e, presumivelmente, não utiliza os corantes azóicos como única fonte de carbono ou energia. A descoloração redutora de corantes azóicos sulfonados por Bacillus sp., Pseudomonas sp., Sphingomonas sp. e Xanthomonas sp., em condições aeróbias na presença de uma fonte de carbono adicional, também foi relatada.

As bactérias redutoras de sulfato (SRB) que cresceram em meio Post gate C modificado (PC) contendo crómio (VI) foram isoladas de águas residuais industriais para o tratamento de Remazol Blue, Reactive Black B e Reactive Red RB. Os resultados revelaram que 25 30% da concentração inicial de corante foi removida do meio no final de um período de incubação de 72 horas.

A biodegradação de resíduos têxteis utilizando organismos isolados dos resíduos tem sido estudada por muitos investigadores. A degradação bacteriana dos corantes azóicos é frequentemente iniciada por uma biotransformação enzimática que envolve a clivagem redutora das ligações azóicas com a ajuda da azo redutase, utilizando NADH e NADPH como dadores de electrões. As aminas aromáticas resultantes são posteriormente degradadas por bioconversão em várias etapas, que ocorre por via aeróbia e anaeróbia. Algumas estirpes bacterianas podem mineralizar os corantes em condições aeróbias.

Uma quantidade tremenda de corantes está a ser exaurida nas massas de água e no solo.

Estão a ser feitos esforços para isolar degradadores aeróbios eficazes para utilização na degradação de resíduos de corantes têxteis e avaliar o seu potencial de remediação para reduzir a CQO e a CBO de efluentes de resíduos têxteis. Foram isoladas seis estirpes microbianas do solo contaminado com efluentes de resíduos têxteis descarregados de uma indústria têxtil em Lagos, Nigéria. A amostra de óleo foi diluída em série e colocada em placas utilizando a técnica de pour plate em ágar nutriente incubado à temperatura ambiente durante 24 horas e em ágar dextrose de batata (PDA) incubado à temperatura ambiente durante 7 dias. As colónias bacterianas e fúngicas obtidas foram depois semeadas para isolamento de culturas puras. As bactérias isoladas foram identificadas como *Pseudomonas fluorescence, Pseudomonas nigificans* e *Pseudomonas gellucidium* e *as espécies fúngicas* como *Aspergillus niger*, *Fusarium compacticum* e *Proteus morganii*. Estas foram promissoras para a remoção de corantes.

Noutro estudo, Bacillus cereus isolado de resíduos industriais de corantes, ou seja, amostras de efluentes e de solo, foi analisado quanto à sua capacidade de descolorar dois corantes azóicos reactivos, cibacron preto PSG e cibacron vermelho P4B, em condições aeróbias a pH 7 e incubado a 35 °C durante um período de cinco dias. Foram utilizadas diferentes fontes de carbono e azoto para o estudo de descoloração. O B. cereus foi capaz de descolorir o cibacron vermelho P4B em (81%) utilizando a combinação de nitrato de amónio e sacarose, enquanto descolorou o cibacron preto PSG em (75%) utilizando extrato de levedura e lactose.

Foi registado que *o Acinetobactor sp. degrada* vários corantes. *A. calcoacetilicum*, um isolado de solo têxtil, degradou diversos corantes presentes nos efluentes têxteis, transformando-os em metabolitos não tóxicos. Muitos investigadores referiram que *a Acinetobacter radioresistens* é eficaz na degradação de vários hidrocarbonetos aromáticos.

Foi também experimentada a degradação microbiana de corantes utilizando organismos isolados de efluentes in situ. A degradação in situ do efluente é um novo método no âmbito do processo de biodegradação. Neste método, os microrganismos isolados do local de poluição podem ser utilizados para o tratamento do efluente.

Utilizando a bactéria P. azoreducens, foi obtida uma descoloração efectiva em 24 horas. As vantagens da utilização de microrganismos são o crescimento rápido e a necessidade de menos espaço, o que faz deste um método eficiente para o tratamento de efluentes industriais têxteis. Os corantes reactivos azuis e verdes são completamente degradados utilizando o tratamento biológico.

A desintoxicação de resíduos sintéticos é necessária porque os resíduos de corantes se tornaram uma grave fonte de problemas de poluição devido à maior procura de têxteis e ao aumento proporcional da produção e aplicação de corantes sintéticos. Na indústria têxtil, perdem-se anualmente até 20 000 toneladas destes corantes como efluentes durante as operações de tingimento e acabamento, em resultado da ineficiência do processo de tingimento. A maioria destes corantes escapa ao processo convencional de tratamento de águas residuais e persiste no ambiente. Entre muitos grupos diferentes de corantes sintéticos, os corantes de triarilmetano (também designados por trifenilmetano) são um dos mais utilizados na indústria têxtil. A sua utilização representa cerca de 30-40% do consumo total de corantes. Não existe muita informação sobre a degradação e desintoxicação de corantes de triarilmetano por sistemas microbianos, apesar da sua utilização crescente pela indústria têxtil. Assim, o isolamento de espécies potentes que tenham a capacidade de degradação e desintoxicação de corantes triarilmetanos é de interesse no aspeto biotecnológico do tratamento de efluentes de corantes.

Há um estudo em que uma nova estirpe bacteriana capaz de descolorir corantes de triarilmetano foi isolada de uma estação de tratamento de águas residuais têxteis na Grécia. A estirpe bacteriana, *Aeromonas hydrophila*, foi capaz de descolorir corantes de triarilmetano utilizando um método de enriquecimento seletivo e um meio denominado meio de águas residuais sintéticas (SWM) com Violeta Básico 3 como fonte de carbono.

Os corantes azóicos têm sido cada vez mais utilizados na indústria devido à sua facilidade de síntese e à sua rentabilidade em comparação com os corantes naturais. A maioria dos corantes azóicos são tóxicos e cancerígenos e o tratamento dos seus efluentes nas instalações industriais utilizando microflora não halófila exigiria que os efluentes fossem primeiro pré-tratados através de osmose inversa, eletrodiálise ou diluição de água doce, a fim de tornar os efluentes favoráveis ao crescimento da microflora não halófila e à sua ação sobre os substratos. A microflora halofílica, por outro lado, é capaz de sobreviver em condições extremas de concentração de sal e, por conseguinte, está a ganhar interesse em áreas como o tratamento de resíduos industriais e pode ser utilizada para a degradação de compostos azóicos presentes nos efluentes industriais que estão a poluir a vida aquática.

Enquanto os corantes sintéticos e os resíduos de corantes presentes em vários efluentes industriais podem ser removidos por enzimas produzidas por microrganismos mesófilos, os corantes azóicos são degradados por consórcios anaeróbios mesófilos e termofílicos em lotes. O corante sintético Reactive Black 5 foi degradado até 80% por um *Anoxybacillus* termófilo, *pushchinoensis*, *Anoxibacillu skamchatkensis* e *Anoxibacillus flavitheramus*.

6.7 Sistemas de bioremediação anóxica e aeróbia para a biodegradação de corantes

O passo inicial da biodegradação dos corantes azóicos é uma clivagem redutora do grupo azoico em condições anaeróbicas, libertando aminas aromáticas que se verificou serem mutagénicas e que só podem ser degradadas aerobicamente. A fase anaeróbia é responsável pela remoção da cor, mas não remove os perigos relacionados com o corante das águas residuais. Pode ser utilizada uma cultura mista adaptada para biotransformar os corantes e os produtos biotransformados podem ser mineralizados por via aeróbia.

A exposição de águas residuais de corantes sintéticos à combinação de condições anaeróbias e aeróbias mostrou que a maioria das cores é removida pelo processo anaeróbico, enquanto a carência química de oxigénio (CQO) é removida no processo aeróbico subsequente.

Observou-se que 1) A presença do corante aumentou a taxa de crescimento bacteriano, enquanto que a presença do co-substrato aumentou a taxa de descoloração e degradação através do aumento do crescimento bacteriano, 2) A estirpe *Rhodopseudomonas palustris* 51ATA é uma excelente bactéria para a remoção do corante vermelho reativo 195, 3) A adição de co-substrato ao meio afecta a biodegradação de forma notável, 4) A degradação é mais eficaz quando a duração do tratamento com a bactéria é superior a um mês.

O processo microaerofílico sequencial também tem sido utilizado para a biodegradação de corantes. A descoloração microbiana de corantes azo é mais eficaz em condições anaeróbias. Por outro lado, estas condições levam à formação de aminas aromáticas, que são mutagénicas e tóxicas para a fase oxidativa (aeróbia) da sua degradação. Neste contexto, são comuns os tratamentos biológicos anaeróbios/aeróbios combinados de efluentes de corantes têxteis utilizando consórcios microbianos.

Foi efectuado um estudo para observar a degradação de quatro corantes azóicos num processo microaerofílico/aeróbio sucessivo utilizando exclusivamente uma bactéria anaeróbia facultativa Staphylococcus arlettae isolada de efluentes de tinturaria têxtil. A degradação do corante foi efectuada em condições microaerofílicas até não se observar qualquer cor residual. O meio foi subsequentemente arejado por agitação para promover a oxidação das aminas aromáticas formadas pela quebra redutora da ligação azo em metabolitos não tóxicos. Os microrganismos foram isolados de diferentes estágios do lodo ativado produzido no Brasil pelo método de spread plate em ágar nutriente. Os corantes azo utilizados no estudo foram CI Reactive Yellow 107 CI, Reactive Black 5, CI Reactive Red 198 e CI Diret Blue 71. As estirpes isoladas foram inoculadas em MM com uma baixa concentração de glucose e incubadas em condições microaerofílicas a 30°C durante 7 dias. A estirpe que obteve a melhor descoloração foi selecionada para este estudo. A estirpe isolada foi identificada como Staphylococcus arlettae estirpe VN-11. A descoloração completa da azodia foi conseguida em condições microarófilas.

Utilizando uma única estirpe de Staphylococcus arlettae no mesmo biorreactor, as fases microaerófilas/aeróbias sequenciais foram capazes de formar aminas aromáticas através da decomposição redutora da ligação azo e de as oxidar em metabolitos não tóxicos.

As bactérias foram também utilizadas na bioremediação e na bio sorção de metais pesados geradores de cor. Os metais pesados, como o chumbo (Pb), o crómio (Cr), o cádmio (Cd) e o cobre (Cu), são amplamente utilizados na produção de pigmentos coloridos de corantes têxteis. Entre as várias fontes de poluentes, os efluentes industriais que contêm metais pesados representam uma ameaça para o ecossistema. Estes metais estão presentes nas águas residuais de diferentes indústrias, como a limpeza de metais, banhos de revestimento, refinarias, minas, galvanoplastia, papel e pasta de papel, tintas, têxteis e curtumes.

A indústria dos curtumes tem também uma das mais elevadas intensidades tóxicas por unidade de produção. Durante o processo de curtimento, são adicionados pelo menos cerca de 300 kg de produtos químicos por tonelada de peles. Estes produtos químicos incluem o crómio, que é o mais tóxico e comum entre os poluentes de metais pesados. A bio sorção de metais pesados de soluções aquosas é uma tecnologia relativamente nova para o tratamento de águas residuais industriais. A principal vantagem da bio sorção é a eficácia na redução da concentração de iões de metais pesados para níveis muito baixos e a utilização de materiais bio sorventes pouco dispendiosos. A bio sorção envolve, em grande medida, a adsorção física seguida de ligação química e não requer energia. Uma vez que os iões metálicos se difundem na superfície da célula, ligam-se a sítios que apresentam afinidade química pelo metal. Trata-se de um processo de acumulação passiva, que pode incluir adsorção, permuta iónica, complexação, quelação e microprecipitação.

Foi realizado um estudo no qual se investigou a bio sorção de crómio por microrganismos de efluentes de curtumes. O efeito do pH e da temperatura na capacidade de bio sorção também foi investigado. Foram isoladas bactérias resistentes ao Cr de efluentes de curtumes utilizando ágar nutriente juntamente com uma solução esterilizada por filtração de $K_2 Cr_2 O_7$, que era uma fonte de Cr (VI). A partir do estudo de otimização, o pH 7 eficaz e a temperatura de 35° C foram mantidos no efluente de curtume para *Bacillus spp.* e *Staphylococcus spp.* A eficiência dos resultados observados foi de 86 e 74%. A melhor atividade foi observada por *Bacillus spp.* seguido de *Staphylococcus spp.* Ambos os isolados foram identificados como potenciais micróbios para a sua utilidade na remoção de crómio do efluente da fábrica de curtumes. A tecnologia, quando actualizada, será uma bênção para os curtidores na resolução do problema da poluição das águas residuais dos curtumes. O processo não será apenas económico, mas também ecológico e sustentável.

Um dos metais tóxicos mais importantes, o cobre, chega à corrente de água proveniente de indústrias como a galvanoplastia, a exploração mineira, a indústria eléctrica e eletrónica, a produção de ferro e aço, as indústrias de metais não ferrosos e os processos de trabalho e acabamento de metais. O cobre não é agudamente tóxico para os seres humanos, mas a sua utilização extensiva e os níveis crescentes no ambiente podem causar problemas de saúde graves, em particular possíveis danos no fígado com uma exposição prolongada. Os resultados mostraram que *a Pseudomonas sp.* era um bom meio de adsorção para iões metálicos e tinha elevados rendimentos de adsorção para o tratamento de águas residuais contendo iões de cobre. Além disso, a bactéria foi isolada de água contaminada com metais; poderia também interagir com os metais na água e influenciar a sua potencial biodisponibilidade e impacto no ambiente. Este isolado bacteriano pode ser utilizado para a remediação de metais em reactores simples ou mesmo em condições in situ.

A biodegradação de corantes azóicos foi experimentada utilizando actinomicetos, em que dois corantes azóicos diferentes, conhecidos como vermelho ácido rápido (AFR) e vermelho Congo (CR), foram examinados quanto à sua descoloração por cinco estirpes de actinomicetos (*Streptomyces globosus, Streptomyces alanosinicus, Streptomyces ruber, Streptomyces gancidicus* e *Nocaardiopsis aegyptia*) em condições de agitação e estáticas. *O Streptomyces globosus descolorizou* mais a AFR em condições estáticas (81,6%) do que em condições de agitação (70,2%).

Foram obtidos resultados semelhantes para a estirpe de actinomiceto *Streptomyces olivochromogenes*. A decomposição do corante amarelo reativo foi variada na concentração inicial (20-200mg/ 100ml) em condições estáticas. Os resultados obtidos a partir das experiências revelaram que a degradação do corante depende da concentração do corante, bem como do crescimento dos actinomicetos. O meio contendo 0,02% (mg/100ml) de corante foi degradado em 3 dias, 0,05% (mg/100ml) em 8 dias e 0,1% (mg/100ml) em 15 dias pelos actinomicetos, com o processo de adsorção a ocorrer simultaneamente. As enzimas responsáveis pela degradação, como a lenhina peroxidase, a lacase e a tirocinase, apresentaram actividades estáveis durante os 8 dias de incubação. A bio sorção do corante amarelo reativo foi realizada utilizando biomassa morta para diferentes concentrações de corante e 90% do corante foi adsorvido eficazmente em 1 hora.

6.8 Decoluição de resíduos de corantes por fungos e algas

A bioremediação fúngica está a tornar-se uma opção atractiva para a remoção de corantes de efluentes industriais, uma vez que os microrganismos são os instrumentos da natureza para a limpeza do ambiente. Sem os fungos e as suas actividades de decomposição, o mundo ter-se-ia tornado um amontoado de cadáveres de plantas e animais. Vários fungos têm sido utilizados para a descoloração de corantes e a acumulação de produtos químicos na biomassa microbiana é designada por bio sorção e pode ter lugar em biomassa viva ou morta.

A ação fúngica raramente leva à mineralização dos corantes e depende muito da estrutura química. Uma maior mineralização ocorre com corantes que contêm anéis aromáticos substituídos na sua estrutura em comparação com os anéis não substituídos. Também se observa uma melhor mineralização em condições de limitação de azoto. O crescimento fúngico e a produção de enzimas e, consequentemente, a descoloração e a degradação são influenciados por numerosos factores, por exemplo, a composição do meio com uma fonte de carbono como a glucose, a fonte de azoto, o valor do pH, a agitação e o arejamento, a temperatura e a concentração inicial do corante.

Também foram efectuados estudos utilizando péletes pré-cultivados para o tratamento biotecnológico de corantes e de águas residuais da indústria têxtil. Foram testados pellets miceliais de cinco fungos diferentes de podridão branca quanto à sua atividade de descoloração de corantes. Os granulados de *Funaliatrogii, Phanerochaete chrysosporium* e Trametes versicolor foram determinados como os mais eficazes.

Na Tanzânia, as descargas industriais conduziram a uma grave poluição ambiental costeira e marinha. Poluentes não tratados, tais como resíduos de petróleo bruto, efluentes têxteis, agroquímicos organoclorados, efluentes de pasta de papel e outros, têm continuado a ser descarregados em massas de água abertas. No entanto, o país possui uma rica diversidade de fungos basidiomicetos com aplicações potenciais na biodegradação ex situ e in situ de tais poluentes. O Laetiporus sulphureus é um cogumelo que habita a madeira, pertencente à família Laetiporaceae e à ordem Laetiporales. Caracteriza-se por uma cor laranja brilhante, basidiocarpos carnudos e himenóporos tubulares. Foi isolado de florestas de mangue na Tanzânia e demonstrou a capacidade de descoloração de corantes, mineralização de 2, 4, 6-trinitrotolueno, degradação de benzo pireno e bioremediação de madeira tratada com arseniato de cobre cromatado.

Os métodos físicos e químicos utilizados para a remoção de corantes, ou seja, a adsorção, a transformação química, a incineração, a fotocatálise ou a ozonização, são eficazes mas bastante dispendiosos. Por conseguinte, é necessário desenvolver processos de tratamento alternativos e económicos para os efluentes coloridos.

A classe de microrganismos mais eficiente na decomposição de corantes sintéticos é, de longe, a dos fungos da podridão branca. Estes fungos são uma classe de microrganismos conhecidos por produzirem enzimas eficientes capazes de decompor corantes em condições aeróbicas. Produzem várias oxidoredutases que degradam a lenhina e uma vasta gama de poluentes, tais como bifenilos policlorados (PCB), compostos aromáticos policíclicos (PAH), pesticidas, corantes sintéticos e corantes industriais. Devido a sistemas ligninolíticos extracelulares, não específicos e baseados em radicais livres, podem eliminar completamente uma variedade de xenobióticos, incluindo corantes sintéticos e industriais, dando origem a compostos não tóxicos.

As estirpes foram identificadas como *Coriolopsis rigida, Hexagonia hydnoides, Pycnoporus sanguine, Pachykytospora alabama, Tinctoporellus epimiltinu, Perenniporia tephropora, Hexagoni atenui* e *Trametes maxima.*

No que diz respeito ao efeito destas estirpes na descoloração do corante, verificou-se que *Tinctoporellus epimiltinus, T. maxima, P. tephropora* e *C. rigida* apresentavam a taxa de descoloração mais elevada na presença do corante AB 62 incorporado em MA2. No entanto, em termos de rendimento de descoloração, os isolados de P. alabamae e H. hydnoides apareceram como os mais eficazes. A descoloração quase total foi obtida com T. maxima.

A descoloração dos corantes de trifenilmetano (violeta de cristal, verde de malaquite e azul de bromofenol) foi estudada com seis fungos de podridão branca, a uma concentração efectiva de 0,3 g/L, que se revelaram capazes de descoloração, embora em diferentes graus. Entre os corantes descoloridos por estes fungos, o verde de malaquite foi descolorido mais rapidamente. Todas as estirpes de fungos foram consideradas altamente eficientes, mostrando mais de 80% de descoloração do verde de malaquite nas primeiras 48 horas a partir do momento da adição do corante.

O Aspergillus desempenha um papel importante na reciclagem de amidos, hemiceluloses, celuloses, pectina e outros polímeros de açúcar. Alguns aspergilos são capazes de degradar compostos mais refractários, como gorduras, óleos, quitina e queratina. A decomposição máxima ocorre quando existe uma quantidade suficiente de azoto, fósforo e outros nutrientes inorgânicos essenciais. Para o Aspergillus, o processo de degradação é o meio de obter nutrientes. Tanto o papel como os têxteis (algodão, juta e linho) são particularmente vulneráveis à degradação por Aspergillus.

Diferentes fungos têm o potencial de degradar compostos orgânicos complexos e recalcitrantes em fragmentos mais simples; por vezes, atingem a mineralização completa. O verde de malaquite (MG) é um corante de trifenilmetano, o mais utilizado para fins de coloração, entre todos os outros corantes da sua categoria. O MG é altamente tóxico para os seres humanos, uma vez que afecta os sistemas imunitário e reprodutivo e possui propriedades cancerígenas. Do ponto de vista ambiental, existe uma preocupação quanto ao destino da MG e da sua forma reduzida, o verde de malaquite leuco, nos ecossistemas aquáticos e terrestres, uma vez que ocorrem como contaminantes e são potenciais perigos para a saúde humana. A descoloração e a degradação do corante trifenilmetano, verde malaquite, foram estudadas utilizando dois microrganismos fúngicos, Aspergillus flavus e Alternaria solani.

Foram identificadas estirpes de leveduras que descoloram efluentes contendo diferentes tipos de corantes reactivos. Os poucos relatórios sobre a bioremediação de efluentes coloridos por leveduras geralmente não mencionam processos enzimáticos tais como bio sorção e bioacumulação como o mecanismo principal para a descoloração de corantes azóicos. Algumas espécies de leveduras ascomicetas, tais como *Candida zeylanoides, Candida tropicalis, Debaryomyces polymorphus, Issatchenkia occidentalis, Saccharomyces cerevisiae, Candida oleophila* e *Candida albicans*, efectuam uma biodegradação enzimática putativa e uma descoloração concomitante de vários corantes azo. Em geral, as reacções de redução levaram à clivagem dos corantes azóicos em aminas aromáticas, que são posteriormente mineralizadas pelas leveduras.

As cianobactérias, anteriormente designadas por algas verdes azuis, são procariontes fotossintéticos que evoluem com oxigénio e têm uma grande variedade de aplicações na investigação biotecnológica. A libertação de efluentes de tintas têxteis em massas de água em geral é um grande problema ambiental e de saúde. As microalgas e as cianobactérias são consideradas uma fonte importante para a descoloração de corantes e efluentes têxteis. As culturas de cianobactérias isoladas de locais poluídos por efluentes têxteis industriais foram analisadas quanto à sua capacidade de descoloração de corantes azóicos cíclicos, em particular as capacidades de remoção de *Synechocystis sp.* e *Phormidium sp.* para corantes reactivos como o Vermelho Reativo, o Azul de Remazol e o Preto Reativo B. As eficiências de remoção destas cianobactérias foram mais elevadas em meios contendo a hormona triaccontanol.

Observou-se que a cianobactéria, *Oscillatoria formosa* NTDMO2, descolorizou o efluente têxtil de forma eficiente num curto período de tempo. Esta descoloração é devida à produção de enzimas redutases para a remoção de corantes.

Foi demonstrado que as algas são capazes de remover a cor de vários corantes através de mecanismos como a bio sorção, a bioconversão e o bioaumento. As algas castanhas têm sido referidas como bio sorventes promissores utilizados na remoção de corantes devido à presença de grupos funcionais abundantes.

As algas imobilizadas são vantajosas para o tratamento de águas residuais, especialmente para a remoção de azoto, fósforo e metais pesados. Estes sistemas são mais atractivos do que as culturas em suspensão, uma vez que resolvem o problema da colheita de células. Além disso, as células imobilizadas são mais estáveis do que as células livres, uma vez que estão protegidas da exposição direta às substâncias tóxicas presentes no meio. Foi registada uma maior eficiência de remoção de nutrientes para as algas imobilizadas em comparação com as culturas em suspensão da mesma espécie de alga. Verificou-se que a C. vulgaris e *a Scenedesmus rubescens* imobilizadas num sistema de membranas de camada dupla eram eficazes na remoção de nitratos de águas residuais municipais. *O Scenedesmus* imobilizado em alginato de cálcio como folha de algas é eficaz na remoção de azoto amoniacal e ortofosfato de águas residuais municipais. As algas imobilizadas são também utilizadas na bioremediação de metais pesados e outros xenobióticos. Por exemplo, Spirogyra condensate e Rhizoclonium hieroglyphicum imobilizados em Amberlite XAD-8 mostraram uma maior eficiência na remoção de crómio de águas residuais de curtumes em comparação com culturas em suspensão.

Tem-se verificado a utilização de probióticos na bioremediação de corantes. Os probióticos são microorganismos vivos que se pensa serem benéficos para o organismo hospedeiro. Os produtos químicos presentes nos efluentes não são apenas venenosos para o homem, mas também tóxicos para a vida aquática e podem resultar na contaminação dos alimentos. As indústrias têxteis são as principais fontes destes efluentes devido à natureza das suas operações, que requerem grandes volumes de água, o que acaba por resultar numa elevada produção de águas residuais. São um dos maiores utilizadores e poluidores de água. Os probióticos são microrganismos vivos não nocivos. Trata-se de um procedimento simples, ecológico e económico para reduzir os contaminantes químicos, uma vez que não são utilizados equipamentos dispendiosos nem produtos químicos nocivos.

Os probióticos como Saccharomyces cerevisiae removem corantes têxteis como o vermelho Congo, Eriochrome Black-T, Laranja de Metilo, Vermelho de Metilo e azul de Bromo Timol, tendo-se observado uma redução da cor do corante após a aplicação de probióticos.

Verifica-se que a elevada percentagem de descoloração dos corantes se deve principalmente à biotransformação por S. cerevisiae e não à bio sorção. A alta eficiência do probiótico Saccharomyces cerevisiae para descolorir os corantes na água e a baixa exigência de condições ambientais permite que seja usado no tratamento biológico de efluentes industriais. Saccharomyces cerevisiae pode ser aplicado à água e ao solo que estão contaminados com corantes têxteis e corantes alimentares. Os seus níveis podem ser reduzidos a concentrações não tóxicas. Uma vez que os poluentes químicos são carcinogénicos, a sua remoção ajuda a proteger os seres humanos de cancros e outros efeitos na saúde. Saccharomyces cerevisiae pode também ser aplicada nas indústrias têxtil e de corantes alimentares, para o processo de tratamento de efluentes. A aplicação de probióticos é um procedimento amigo do ambiente para a remoção de corantes têxteis, corantes alimentares e reagentes de laboratório, uma vez que não são utilizados produtos químicos nocivos. Este método é simples e económico. A aplicação excessiva do organismo não causa quaisquer riscos para a saúde humana e de outros animais, uma vez que se trata de um probiótico.

6.9 Manipulação de genes para bioremediação

Dado o imenso risco colocado pela poluição ambiental generalizada por produtos químicos inorgânicos e orgânicos, são necessários novos métodos de descontaminação e limpeza. Os avanços na bioremediação utilizam ferramentas de engenharia molecular, genética, microbiológica e proteica e baseiam-se na identificação de novos péptidos sequestradores de metais, na engenharia racional e irracional de vias e na conceção de enzimas. Foram efectuados avanços recentes para melhorar a remediação de produtos químicos inorgânicos e a degradação de produtos químicos orgânicos utilizando várias vias de engenharia. Muitos microrganismos possuem naturalmente a capacidade de degradar, transformar ou quelar vários produtos químicos tóxicos. No entanto, estas transformações naturais são limitadas por taxas relativamente lentas. O desenvolvimento de novas ferramentas genéticas e uma melhor compreensão da capacidade de transformação natural dos microrganismos a nível genético são essenciais para acelerar o progresso dos micróbios projectados para uma melhor eliminação dos resíduos perigosos. Recentemente, foram feitas várias tentativas para melhorar a biotransformação e a bioacumulação de resíduos tóxicos por microrganismos. Exemplo: Uma vez que o gene da azoreductase tem sido amplamente implicado na descoloração de corantes azóicos, a clonagem do gene da azoreductase em E. coli poderia levar à utilização de E. coli para o processo de descoloração.

A identificação do gene responsável pela degeneração de compostos específicos seria benéfica para o desenvolvimento de Organismos Geneticamente Modificados (OGM) recombinantes para a biorremediação de resíduos complexos. Estes são designados por "super-insectos" que contêm genes especiais que residem nos plasmídeos.

6.10 Fitorremediação de resíduos

A fitorremediação, também designada "Green Remediation", é um método que utiliza plantas verdes para tratar solos e águas quimicamente poluídos, reduzindo as quantidades de componentes perigosos. Verificou-se que as plantas têm a capacidade de suportar concentrações relativamente elevadas de produtos químicos xenobióticos orgânicos sem efeitos tóxicos e também têm a capacidade de absorver e converter rapidamente os produtos químicos em metabolitos menos tóxicos.

A rizodegradação é o reforço da biodegradação que ocorre naturalmente no solo através da influência das raízes das plantas que conduzirá à destruição ou desintoxicação do composto.

A fitodegradação, ou fitotransformação, é a absorção, metabolização e degradação de contaminantes na planta ou a degradação de contaminantes no solo por enzimas produzidas e libertadas pela planta.

A fitoextracção, também designada por fitoacumulação ou fitoabsorção, consiste na absorção de contaminantes pelas raízes e subsequente acumulação na parte aérea da planta, geralmente seguida de colheita e eliminação da biomassa vegetal. Isto é particularmente útil na remoção de metais pesados do solo. Um exemplo de uma planta utilizada para este fim é a *Brassica juncea*.

6.11 Conclusão

Atualmente, é amplamente reconhecido que o ambiente contaminado constitui uma ameaça potencial para a saúde humana. A bioremediação é uma opção que oferece a possibilidade de destruir ou tornar inofensivos vários contaminantes utilizando a atividade biológica natural. Como tal, utiliza técnicas de baixo custo e de baixa tecnologia, que geralmente têm uma elevada aceitação pública e que podem frequentemente ser efectuadas no local. Uma bioremediação bem sucedida requer a presença das condições corretas no solo e na água; normalmente, os parâmetros mais importantes são a disponibilidade de oxigénio e de nutrientes, seguidos do pH, da temperatura e da humidade. O tipo de solo, o tamanho e a profundidade da área contaminada e a concentração de contaminantes também têm impacto no processo. Dadas as condições corretas, as bactérias e outros micróbios são capazes de utilizar os contaminantes como uma boa fonte de alimento e energia.

A bioremediação utiliza microrganismos naturais e recombinantes para decompor substâncias tóxicas e perigosas por meios aeróbios e anaeróbios. Podem ser aplicados no local in situ ou fora do local ex situ, medicados por consórcios microbianos mistos e/ou estirpes microbianas puras e plantas (fitoremediação). Incluem vários processos como o bioaumento, a degradação fúngica, as enzimas, os probióticos e a manipulação genética.

6.12 Referências selecionadas

Abadulla, E., Robra, H., Gubitz, G., Silva, L., Cavaco, Paulo, A. (2000). Descoloração enzimática de efluentes de tinturaria têxtil. Textile Res J 70: 409-414

Bella Devassy (2010). Descoloração microbiana de efluentes de corantes têxteis.

Carliell, M., Bgrday, J., Nardoo, N., Bucley, A., Mulholland, A., et al. (1995).Microbial decolourization of a reactive dye under anaerobic conditions. Water Sci. Technol. 21: 61-69.

Chandrakant, S.,Karigar, e Shwetha, Rao,S. (2011). Papel das Enzimas Microbianas na biorremediação de Poluentes: A review

Chimezie Jason Ogugbue e Thomas Sawidis (2011). Biorremediação e Desintoxicação de Águas Residuais Sintéticas Contendo Corantes de Triarilmetano por Aeromonashydrophila Isolada de Efluentes Industriais. Biotechnology Research International Volume 2011 (2011), Artigo ID 967925.

Ferraz, A., Rodiz, J., Free, R., J, Baeza, J. (2001). Biodegradação de madeira macia de Pinus radiate por fungos de podridão branca e castanha. World J. Microbial. Biotechnol. 17 (1): 31-34.

Hao, O.J., Kim, H., Chang, P.C., (2000). Decolourização de águas residuais. Crit. Rev. Environ. Sci. Technol.30: 449-505.

Indu Shekhar Thakur(2006). Industrial Biotechnology:Problems and Remedies.I K International, Delhi. Pp 213-235.

Kapoor, A., Viraraghavan, T. (1995). Bio sorção - uma opção de tratamento alternativa para águas residuais contendo metais pesados: uma revisão. Biores. Technol. 5393): 195-206.

Khalid, A., Arshad, M., Crowley, D.E. (2008). Decolourização de corantes azo por Shewanella sp. em condições salinas. Appl. Microbiol. Biotechnol. 2008.

Raju, P.A. R. K.,Varahala Raju,K., Reddy,M.S.R.,Swathi, K. e Prasanthi, S. (2012). Biorremediação de corantes em água de efluentes com um probiótico Saccharomyces cerevisiae.-Indian Streams Research Journal Vol. I, ISSUE-XIII.

Robinson, T., McMullan, G., Marchant, R., Nigam, P. (2001). Remediação de corantes em efluentes têxteis: Uma revisão crítica das actuais tecnologias de tratamento com uma alternativa proposta. Bioresour. Technol. 77: 247-255.

Suzuki, Y.,Yod, T. Ruhul, A., Sugiura, W. (2001). Clonagem molecular e carateização do gene que codifica a azoredutase de Bacillus sp. OY 1-2 isolado do solo. Journal of Biological Chemistry, 276, 9059-9065.

Supaka, N., Juntongjin, K., Damronglered, S., Marie-Line, D. e Strehaino, P. (2004). Decolourização microbiana de corantes azóicos reactivos num sistema anaeróbio aeróbio sequencial. Chemical Engineering Journal 99: 169-176.

Capítulo 7:
Fotodegradação de plásticos e plásticos fotodegradáveis

7.1 Introdução

O termo "plástico" designa qualquer um de uma vasta gama de sólidos orgânicos sintéticos ou semi-sintéticos utilizados no fabrico de produtos industriais. Os plásticos são normalmente polímeros de elevada massa molecular e podem conter outras substâncias para melhorar o desempenho e/ou reduzir os custos de produção. Os monómeros do plástico são compostos orgânicos naturais ou sintéticos.

A palavra plástico deriva do grego "plastikos", que significa capaz de ser moldado, e de "plastos", que significa moldado. Refere-se à sua maleabilidade ou plasticidade durante o fabrico, que permite que sejam moldados, prensados ou extrudidos numa variedade de formas, como películas, fibras, placas, tubos, garrafas, caixas, etc.

Existem dois tipos de plásticos: os termoplásticos e os polímeros termoendurecíveis. Os termoplásticos são os plásticos que não sofrem alterações químicas na sua composição quando aquecidos e podem ser moldados repetidamente; são exemplos o polietileno, o polipropileno, o poliestireno, o cloreto de polivinilo e o politetrafluoroetileno (PTFB). Os termoendurecíveis podem fundir-se e tomar forma uma vez; depois de solidificados, mantêm-se sólidos.

Os plásticos podem ser classificados por estrutura química, nomeadamente as unidades moleculares que constituem a espinha dorsal e as cadeias laterais do polímero. Alguns grupos importantes nesta classificação são os acrílicos, os poliésteres, os silicones, os poliuretanos e os plásticos halogenados. Os plásticos também podem ser classificados de acordo com o processo químico utilizado na sua síntese, como a condensação, a poliadição e a reticulação.

Os plásticos são classificados com base nas qualidades que são relevantes para o fabrico ou conceção do produto. Exemplos dessas classes são os termoplásticos e os termoendurecíveis, os elastómeros, os estruturais, os biodegradáveis e os condutores de eletricidade. Os plásticos também podem ser classificados de acordo com várias propriedades físicas, como a densidade, a resistência à tração, a temperatura de transição vítrea e a resistência a vários produtos químicos.

Devido ao seu custo relativamente baixo, facilidade de fabrico, versatilidade e impermeabilidade à água, os plásticos são utilizados numa gama enorme e em expansão de produtos.

Um jovem tipógrafo americano, chamado John Wesley Hyatt, procurava um novo material para ser utilizado como substituto do marfim no fabrico de bolas de bilhar. Tinha sido oferecido um prémio de 10.000 dólares por essa descoberta. Descobriu que o nitrato de celulose, formado pela ação do ácido nítrico sobre a celulose do algodão, misturado com cânfora e tratado com quantidades adequadas de pressão e calor, produzia uma substância que podia ser moldada nas formas desejadas. Chamou ao seu novo material "celuloide".

No início do século XX, foi produzido um segundo plástico. Adolph Spitteler, um alemão, misturou leite azedo e formaldeído para formar um material que era realmente plástico de caseína. Em 1909, o Dr. Leo Baekeland, um americano nascido na Bélgica, estava a tentar produzir uma resina sintética. Conseguiu-o misturando fenol e formaldeído em determinadas condições, produzindo assim a primeira resina sintética. Este novo plástico foi designado por "Baquelite". Desde a "Baquelite", foram criados muitos novos plásticos. Atualmente, existem mais de vinte tipos de plástico conhecidos.

Só na Índia, até ao ano 2030, a produção de plástico pode atingir 20 000 KT e a produção de resíduos de plástico pode atingir 18800 KT. Nos países europeus, o consumo de plástico foi de 40 milhões de toneladas durante o período de 2004-2006. A produção de plásticos aumentou mais de 2000% desde que a baquelite foi produzida pela primeira vez e vários países, incluindo a Índia, estão a confrontar-se com problemas de eliminação de resíduos de plásticos que podem ser considerados como um problema global.

A biotecnologia microbiana pode constituir um instrumento útil para desenvolver abordagens novas e mais seguras para este problema crescente dos resíduos. Entre as várias aplicações dos microrganismos na biotecnologia está a sua capacidade de se alimentarem de um grande e diversificado grupo de produtos químicos, o que lhes confere a capacidade de degradar um grande espetro de materiais nocivos.

Os microrganismos são excelentes na utilização de compostos orgânicos (naturais ou sintéticos) como fonte de nutrientes e energia. A explicação para esta notável variedade de capacidades de degradação é que, na altura em que o Homem entrou em cena, os microrganismos já coexistiam há milhares de milhões de anos com uma imensa variedade de compostos orgânicos. A vasta diversidade de potenciais substratos para o crescimento levou à evolução de enzimas capazes de transformar muitos compostos orgânicos naturais não relacionados entre si através de diferentes mecanismos catalíticos.

Os processos biológicos e geoquímicos produzem enormes quantidades de compostos orgânicos com uma diversidade de estruturas. Quase todos estes compostos podem ser utilizados por alguns microrganismos como fonte de energia e/ou blocos de construção celular.

Muitas das dezenas a milhares de compostos orgânicos são produzidos artificialmente por síntese química para fins industriais. De entre os vários materiais xenobióticos que se acumulam no ecossistema, o plástico representa a maior parte. O termo plástico é geralmente aplicado aos polímeros que não são nem elásticos nem altamente cristalinos. Um plástico é uma mistura que contém um ou mais polímeros formulados com uma variedade de aditivos e fabricados num produto utilizável. Um polímero é um composto de elevado peso molecular com uma estrutura composta por múltiplas entidades químicas mais simples em interação. Os nomes dados a estes polímeros reflectem a natureza da unidade de repetição "monómero".

As actividades, desde o nível industrial até ao nível do consumidor final, conduziram a uma descarga invariável de resíduos e subprodutos resultantes dos vários processos. Estas substâncias tornaram-se parte integrante dos ecossistemas e são susceptíveis de distorcer o seu funcionamento. Tem havido uma crescente consciencialização por parte do público e do governo de que são necessárias acções para manter e recuperar a qualidade ambiental.

Nos últimos tempos, os plásticos têm sido um dos sectores de maior crescimento da economia, sendo agora parte integrante da vida quotidiana. Os plásticos têm encontrado um número quase infinito de utilizações. As suas aplicações vão desde a embalagem à engenharia. Este sucesso fez com que os plásticos se tornassem um dos principais materiais de embalagem para alimentos transformados e artigos de engenharia. Os fornecedores de equipamento e de materiais estão agora bem posicionados para fornecer aos transformadores e a outros utilizadores finais uma gama de plásticos que satisfaça as suas necessidades de aplicação nos principais mercados mundiais.

Os objectos de plástico, como garrafas, embalagens e recipientes para alimentos, são altamente resistentes à degradação no ambiente e persistem como lixo inestético. Mesmo que se desintegrem, o processo demora várias centenas de anos. Um exemplo comum é o facto de uma garrafa de plástico normal de água mineral necessitar de 400 anos para se desintegrar. Os plásticos constituem a maior parte dos resíduos domésticos a nível mundial. Não sendo degradáveis, os resíduos de plástico acumulam-se, contribuindo para a poluição do ambiente.

O lixo parece ser esteticamente indesejável. Estima-se que um milhão de animais marinhos morrem todos os anos, quer por se terem chocado com objectos de plástico flutuantes que foram confundidos com uma fonte de alimento, quer por se terem enredado em detritos de plástico não degradáveis.

A deposição de resíduos de plástico no solo é um método de eliminação aceitável do ponto de vista ambiental. No entanto, um dos principais problemas reside no facto de o plástico sintético permanecer inalterado no solo durante um período de tempo muito longo. A capacidade destes aterros está a diminuir rapidamente e acabará por se esgotar muito em breve.

A incineração de resíduos combustíveis é outra forma possível de lidar com o problema do plástico. No entanto, a incineração de plásticos é potencialmente perigosa e pode ser dispendiosa. Durante a combustão de resíduos plásticos, o cianeto de hidrogénio é libertado do policloreto de vinilo (PVC). Estes poluentes têm de ser removidos. Além disso, os gases produzidos geram uma grande quantidade de energia, o que danifica o forno.

A reciclagem pós-utilização de material plástico foi considerada uma opção melhor do que as outras, mas também tem um valor e uma utilização limitados por várias razões.

A degradação por organismos vivos, tais como bactérias ou fungos, é designada por biodegradação. A fotodegradação é a degradação de uma molécula fotodegradável causada pela absorção de fotões, particularmente os comprimentos de onda presentes na luz solar, tais como a radiação infravermelha, a luz visível e a luz ultravioleta. A fotodegradação é induzida pela ação da luz, geralmente a luz ultravioleta.

Uma solução alternativa para o aumento do lixo de plástico e para o problema da eliminação de resíduos é o desenvolvimento e a produção industrial de materiais plásticos degradáveis. Foram utilizadas várias tecnologias para conferir a certos materiais as qualidades de biodegradabilidade e fotodegradabilidade. Para além da utilização de certos plásticos fotodegradáveis, os polímeros biodegradáveis também contribuiriam certamente para a redução dos montes de resíduos plásticos, atualmente em crescimento. De facto, as respostas biotecnológicas estão a surgir rapidamente para a desintoxicação do ambiente e a sua importância aumentou significativamente.

7.2 Degradação do plástico

Existem vários mecanismos para a degradação dos plásticos. As várias agências que podem estar inerentemente presentes, ou que podem dar origem, no ambiente para a degradação dos plásticos são Degradação térmica (ou seja, pelo calor), Fotodegradação (ou seja, pela luz), Radiação de alta energia (ou seja, pela radiação UV), Degradação mecânica (ou seja, pela força mecânica), Degradação química (ou seja, por ácidos, álcalis, solventes), Biodegradação (ou seja, por microrganismos).

Existem dois mecanismos significativos de degradação ambiental, conhecidos por degradar os plásticos, que são de facto inerentes ao ambiente. São eles a fotodegradação e a biodegradação. Por conseguinte, os plásticos são também conhecidos como plásticos fotodegradáveis e plásticos biodegradáveis. Assim, os plásticos degradáveis em geral são aqueles que contêm materiais que melhoram o processo de fotodegradação e biodegradação já existente, mas bastante lento.

Uma definição geralmente aceite de degradabilidade é a diminuição das propriedades. Assim, há muito que a degradabilidade dos plásticos é medida por uma diminuição da resistência à tração ou do alongamento. O grau de degradação pode então ser definido pela perda percentual destes atributos.

No entanto, na maioria dos estudos de degradação, a atenção centra-se nas caraterísticas. Tais como: Alteração do peso molecular, alteração das caraterísticas físicas e mecânicas, Evolução dos voláteis e sua identidade química, a estrutura química do polímero residual vis-a-vis a mesma do polímero original.

A degradação completa de materiais à base de carbono, por exemplo, só é alcançada quando as moléculas de carbono voltam a juntar-se ao ciclo natural do carbono ao serem convertidas em dióxido de carbono ou noutras pequenas moléculas orgânicas, ou ao serem consumidas pelos organismos vivos e convertidas em biomassa. Por conseguinte, na linguagem comum, quando se diz que o composto é degradável, quer-se dizer que pode ser completamente mineralizado. A mineralização refere-se à oxidação completa do composto que contém carbono para produzir formas inorgânicas dos seus átomos constituintes, como o dióxido de carbono, a água e os sais inorgânicos.

Quanto aos tipos de degradação do plástico, pode ser a degradação em cadeia ou a degradação aleatória. No processo de degradação em cadeia, a degradação do plástico começa nas extremidades da cadeia do polímero plástico. Isto resulta na libertação sucessiva de unidades monoméricas.

No processo de degradação aleatória do plástico, a degradação ocorre em qualquer ponto aleatório ao longo do polímero plástico. Devido a este tipo de degradação, o peso molecular diminui subitamente com pouca ou nenhuma libertação de unidades monoméricas.

Degradação induzida pela interação com organismos vivos, geralmente bactérias ou fungos. Trata-se de um tipo de biotransformação que destrói a estrutura da espinha dorsal do composto de origem, acabando por dar origem a produtos derivados (metabolitos) de menor complexidade ou de menor massa.

Um efeito biofísico, em que o crescimento celular pode provocar danos mecânicos; um efeito bioquímico, em que as substâncias dos microrganismos podem atuar sobre o polímero; uma ação enzimática direta, em que as enzimas dos microrganismos atacam os componentes do produto plástico, provocando a sua divisão ou decomposição oxidativa

A destruição do alvo pode variar desde uma simples deslocação de átomos ou grupos funcionais até à oxidação completa do composto para produzir formas inorgânicas dos seus átomos constituintes, como dióxido de carbono, água, sais inorgânicos, etc. Em geral, o composto é biodegradável, o que significa que pode ser mineralizado por micróbios.

No que diz respeito à base microbiana para a biodegradação, as comunidades microbianas naturais são conjuntos complexos nos quais vários microrganismos são altamente interdependentes. Esta interdependência é evidente nas altas frequências de comensalismo e mutualismo que são observadas na natureza.

Os compostos orgânicos são mais eficazmente degradados num ambiente que contém muitos microrganismos do que numa cultura pura de um único microrganismo. Isto deve-se a vários factores. A gama de capacidades de degradação representada numa comunidade complexa de muitas bactérias e fungos é muito maior do que as capacidades de um único microrganismo.

Além disso, o produto da biodegradação parcial do composto alvo pode servir de substrato para outro microrganismo. Assim, a ação concentrada de vários organismos pode levar à mineralização completa do composto alvo.

A biodegradação pode alterar as populações microbianas e as caraterísticas químicas da matriz biotratada, especialmente se o alvo promover o crescimento celular. Por exemplo, se os organismos responsáveis pela biodegradação obtiverem os seus nutrientes ou energia de um composto, as suas populações irão provavelmente expandir-se. Por vezes, o crescimento bacteriano também pode ser observado nos casos em que o composto alvo serve como uma espécie que aceita electrões.

A biodegradação ou degradação biótica ou decomposição biótica é a dissolução química de materiais por bactérias ou outros meios biológicos. O termo é frequentemente utilizado em relação à ecologia, à gestão de resíduos, à biomedicina e ao ambiente natural (bioremediação) e está atualmente associado a produtos amigos do ambiente, capazes de se decomporem em elementos naturais. A matéria orgânica pode ser degradada aerobicamente com oxigénio ou anaerobicamente, sem oxigénio. Um termo relacionado com a biodegradação é a bio mineralização, na qual a matéria orgânica é convertida em minerais. O bio-surfactante, um surfactante extracelular segregado por microrganismos, melhora o processo de biodegradação.

Na natureza, os diferentes materiais biodegradam-se a ritmos diferentes. Para poderem funcionar eficazmente, a maioria dos microrganismos que contribuem para a biodegradação necessitam de luz, água e oxigénio.

As enzimas extracelulares dos microrganismos quebram polímeros complexos durante a degradação, produzindo cadeias curtas ou moléculas mais pequenas, por exemplo, oligómeros, dímeros e monómeros que são suficientemente pequenos para passar as membranas bacterianas exteriores semi-permeáveis. Este processo é designado por despolimerização. Estas moléculas de cadeia curta são depois mineralizadas em produtos finais, por exemplo CO2, H2O ou CH4, a degradação é designada por mineralização, que são utilizados como fonte de carbono e energia.

A degradação causada pelo microrganismo pode ser de três tipos diferentes: 1) Um efeito biofísico, em que o crescimento celular pode causar danos mecânicos; 2) Um efeito bioquímico, em que as substâncias dos microrganismos podem atuar sobre o polímero; e 3) Uma ação enzimática direta, em que as enzimas dos microrganismos atacam os componentes do produto plástico, levando à sua divisão ou decomposição oxidativa.

O grau de destruição do alvo pode variar desde uma simples deslocação do átomo

ou grupos funcionais (biodegradação parcial) até à oxidação completa do composto para produzir formas inorgânicas dos seus átomos constituintes (por exemplo, dióxido de carbono, água e sais inorgânicos). No entanto, na linguagem comum, quando se diz que o composto é biodegradável, quer-se dizer que pode ser mineralizado.

Os plásticos degradáveis são fabricados para acelerar a decomposição. Esta aceleração é conseguida através da redução gradual da resistência do material plástico. Esta resistência é causada por pequenas subunidades de hidrogénio e carbono, chamadas monómeros. Os monómeros formam longas cadeias, chamadas polímeros, que se decompõem e se desintegram em subprodutos naturais como o carbono, o hidrogénio e o oxigénio.

Como o polietileno é biodegradável desde que as suas cadeias tenham um peso molecular inferior a 500; a maioria dos outros polímeros não o é. Os polímeros são susceptíveis de biodegradação, mas são muito pouco utilizados em materiais de embalagem. Uma vez que a maioria dos resíduos de plástico provêm de embalagens, a utilização de poliésteres não ajudará realmente a resolver o problema da grande quantidade de resíduos produzidos nem o do lixo no ambiente.

Foram utilizadas duas abordagens para produzir plásticos biodegradáveis: utilizar polímeros naturais como a celulose e o amido e utilizar poliésteres alifáticos biodegradáveis sintetizados e seus derivados.

Os polímeros à base de amido são muito utilizados no fabrico de plásticos biodegradáveis. Quando o embargo petrolífero no início da década de 1970 fez com que o preço dos plásticos quase duplicasse, os investigadores começaram a procurar um material de enchimento menos dispendioso e não plástico. O resultado da sua pesquisa foram os polímeros à base de amido. Desde essa altura, os polímeros à base de amido continuam a ser o ingrediente mais utilizado e de menor custo de todos os polímeros biodegradáveis. O polímero natural amido determina significativamente a degradabilidade destes plásticos. O amido pode ser derivado de muitos produtos agrícolas, incluindo o milho, a batata e o arroz. Embora todos estes amidos sejam facilmente digeridos por microrganismos.

Quanto ao mecanismo de degradação, os grânulos de amido, que são compostos no plástico, servem de fonte de nutrientes para os microrganismos. Como resultado, os microrganismos quebram os grãos de amido até estes serem completamente removidos. Isto enfraquece a matriz do polímero e resulta numa maior superfície de ataque que, consequentemente, acelera o processo de auto-oxidação. É provável que as enzimas extracelulares produzidas pelo microrganismo causem um ataque direto ao polímero e possam ser responsáveis pela fissuração fina do polímero que se observa. A quebra das cadeias poliméricas enfraquece o material ao reduzir o comprimento da cadeia, diminuindo assim o peso molecular para um nível que pode ser metabolizado por microrganismos. Como este último processo é puramente biológico, é de esperar que os produtos de degradação sejam os da atividade biológica normal, nomeadamente o dióxido de carbono, a água, a massa celular e os subprodutos metabólicos.

A celulose é um composto orgânico com a fórmula (C6H10O5)n, um polissacárido constituído por uma cadeia linear de várias centenas a mais de dez mil unidades de D-glucose ligadas em beta (1 >4). A celulose é o composto orgânico mais comum na Terra. Cerca de 33% de toda a matéria vegetal é celulose

A celulose é suscetível de ser biodegradada por meio de uma enzima hidrolítica designada por celulases, que converte a celulose em glucose. A capacidade de produção de celulases encontra-se em vários organismos, como bactérias e fungos. Muitos géneros de bactérias como *Cellulomonas, Myxobacteria* e *Pseudomonas* têm a capacidade de produzir celulases. Também vários fungos celulolíticos incluem géneros importantes como *Trichoderma, Fusarium, Aspergillus e Penicillium*. No entanto, sendo a celulose um polímero insolúvel e de grandes dimensões, não consegue penetrar na membrana celular microbiana.

Os ésteres de celulose têm uma vasta aplicação como plásticos moldados. Exemplos de ésteres celulósicos são o nitrato de celulose, o acetato de celulose, o butirato de acetato de celulose e o propionato de celulose. Prevê-se que os plásticos celulósicos sejam biodegradáveis, uma vez que são baseados em celulose biodegradável e podem ser hidrolisados pelos mesmos sistemas enzimáticos responsáveis pela biodegradação da celulose. No entanto, o tempo de degradação dos plásticos celulósicos (exceto o nitrato de celulose) é significativamente mais longo do que o da celulose isolada.

O mais antigo derivado celulósico conhecido, o nitrato de celulose é também conhecido como nitrocelulose (CN). A nitrocelulose é o éster de ácido nítrico da celulose. O nitrato de celulose é o único éster inorgânico da celulose utilizado na produção comercial.

A nitração da celulose é efectuada utilizando uma mistura de ácido nítrico (NHO3) e de ácido sulfúrico (H2SO4) durante um período de tempo específico, em condições controladas de temperatura e de composição ácida mista. As três fases de preparação do nitrato de celulose são: pré-tratamento da celulose, processo de nitração após o tratamento e desidratação.

Do mesmo modo, o acetato de celulose e o butirato de acetato de celulose podem ser preparados e utilizados na produção de plásticos. Os plásticos biodegradáveis também podem ser produzidos utilizando polímeros de armazenamento de microrganismos. Sabe-se que uma grande variedade de diferentes tipos de organismos produz energia intracelular e produtos de armazenamento de carbono que são conhecidos como poli (beta-hidroxialcanos) (PHA). Os exemplos mais conhecidos de PHA são o poli (beta-hidroxibutirato) (PHB) e o poli (beta-hidroxibutirato-co-valerato) P (HB-co-HV). O PHB é um homopolímero, enquanto o P (HB-co-HV) é um copolímero. Os PHA estão, de facto, a tornar-se hoje em dia uma importante fonte de material para plásticos de base que são biodegradáveis.

O espetro de microrganismos produtores de PHA inclui uma variedade de grupos taxonomicamente diferentes. A maioria dos organismos é capaz de acumular PHA entre 30-80% do seu peso seco celular. No entanto, em condições específicas, sabe-se que Alcaligenes eutrophus N 9A contém 96% de PHA.

Sabe-se que os PHA são degradados pelos microrganismos por determinadas enzimas, segregadas pelos próprios microrganismos, que, por sua vez, catalisam a hidrólise do polímero para gerar compostos orgânicos que podem ser utilizados como fonte de carbono para o crescimento desses microrganismos.

Quando as células já não conseguem subsistir com os compostos orgânicos do ambiente, utilizam estes grânulos de PHA hidrolisando-os enzimaticamente e invertendo a série de reacções para obter energia e alimento para sobreviver na natureza.

A utilização de plásticos biodegradáveis é a compreensão efectiva do fenómeno de biodegradação em mais pormenor. O progresso na compreensão do fenómeno de biodegradação depende da identificação dos componentes importantes no ambiente biológico que podem reagir, que podem iniciar a degradação do plástico e como estes agentes podem reagir com a superfície bem definida do plástico.

Outro obstáculo a uma maior utilização de plásticos biodegradáveis é o seu elevado custo em relação aos plásticos convencionais. Para o efeito, é necessário desenvolver estratégias de fermentação para a produção de poliésteres microbianos, como os PHA, com elevada produtividade. É necessário isolar e desenvolver estirpes que produzam estes poliésteres a partir de fontes de carbono baratas. Além disso, tem de ser desenvolvido um processo de recuperação de custos dispendioso mas eficaz para uma redução global dos custos. Assim, é necessária uma análise económica realista dos custos e da poupança de custos na utilização destes plásticos biodegradáveis.

Assim, há uma necessidade contínua de aperfeiçoar estes sistemas de plásticos biodegradáveis para melhorar as propriedades físicas dos materiais e reduzir o custo, de modo a poderem competir com os plásticos de base.

A validade dos plásticos degradáveis como solução para o problema dos resíduos sólidos e do lixo tem sido discutida há mais de 20 anos. À medida que cada vez mais países enfrentam o seu conjunto particular de condições ambientais e se debatem com possíveis soluções, descobrem que os plásticos degradáveis estão a tornar-se uma tecnologia viável para reduzir o impacto dos resíduos sólidos e do lixo no ambiente.

Pode dizer-se que é necessária uma abordagem interdisciplinar integrada por parte de microbiologistas, geneticistas, químicos, cientistas de polímeros e funcionários governamentais para uma aplicação bem sucedida dos plásticos degradáveis à ciência moderna integrada biotecnologicamente. Se tudo isto for feito corretamente, não será errado prever que haverá um maior investimento na biotecnologia ambiental e na utilização de plásticos degradáveis.

A tecnologia de fabrico de plásticos biodegradáveis pode estar a ser utilizada há mais de 20 anos, mas é razoável afirmar que são o futuro.

Os principais argumentos contra a utilização de plásticos degradáveis são o risco de libertação de materiais tóxicos e o custo elevado. Apesar destas contestações, a utilização limitada de plásticos degradáveis tem sido prosseguida com êxito como : Películas de embalagem, sacos, contentores; suportes biodegradáveis para dosagem a longo prazo de drogas, medicamentos, insecticidas, herbicidas, fertilizantes; artigos descartáveis como fraldas, produtos de higiene feminina; pinos cirúrgicos, suturas, agrafos; substitutos e placas ósseas, etc., etc. Pode dizer-se que o recente movimento para proteger o ambiente global através da utilização de plásticos degradáveis, juntamente com o progresso da tecnologia para produzir plásticos mais aceitáveis do ponto de vista ambiental, irá aumentar a utilização de plásticos degradáveis em muitos domínios.

Vários acontecimentos indicam que, embora o mercado atual seja pequeno, as expectativas em relação aos plásticos biodegradáveis continuam a ser bastante elevadas. Um comité de estudo sobre a utilização prática dos plásticos biodegradáveis elaborou recentemente um relatório intitulado "Dawn of new plastic age" (Alvorada da nova era do plástico). Os plásticos biodegradáveis podem ser aplicados em domínios em que os produtos aplicados dificilmente podem ser recuperados para efeitos de reciclagem.

As aplicações práticas de películas de plástico biodegradáveis para fins de cobertura vegetal no domínio agrícola deverão surgir num futuro próximo com o apoio do MITI. A Showa denko (shoden) e a Showa high polymer company são os líderes nesta corrida. Estas duas empresas desenvolveram em conjunto as películas de plástico biodegradável "Bionolle" e têm vindo a desenvolver satisfatoriamente a investigação e o desenvolvimento para a aplicação destas películas biodegradáveis. De facto, o MITI decidiu este ano fiscal conceder uma subvenção de 6,5 milhões de dólares ao projeto Bionolle das duas empresas para promover a sua aplicação prática.

A Fardem, na Bélgica, produziu os primeiros sacos de plástico totalmente biodegradáveis certificados da Europa para a eliminação do lixo. Os sacos, que foram introduzidos no início de dezembro de 1995, estavam a ser utilizados na Flandres, no norte da Bélgica, onde é obrigatório separar os resíduos em materiais orgânicos e não orgânicos, afirma Marcel Sear, gestor de projeto de produtos biodegradáveis na empresa. Até à data, foram vendidos cerca de 1,5 milhões de sacos na Flandres. A empresa está a aumentar a sua produção nas suas instalações perto de Antuérpia para cerca de 1 000 toneladas. Com o tempo, esta nova tecnologia assumirá um papel significativo na gestão da poluição plástica, juntamente com a redução na fonte, a incineração de resíduos para energia e a reciclagem. A tecnologia de fabrico de plásticos biodegradáveis pode estar em prática há já algum tempo, mas é sem dúvida o futuro.

Os plásticos verdadeiramente biodegradáveis são aqueles que são consumidos pelos microrganismos e reduzidos a compostos simples como o dióxido de carbono e a água.

Uma vez que os plásticos mais comuns são inerentemente muito resistentes à biodegradação, tem sido muito mais difícil desenvolver plásticos biodegradáveis do que desenvolver plásticos foto-degradáveis. Nos casos em que se pretendiam materiais biodegradáveis, especialmente materiais de embalagem, o caminho habitual era utilizar papel, películas de celulose regenerada ou outros materiais naturais em vez de plásticos.

Os polímeros naturais, como a celulose e o amido, que são facilmente biodegradáveis, são frequentemente misturados com os plásticos congénitos, para tornar o plástico biodegradável. O mecanismo envolve enzimas produzidas por micróbios que hidrolisam ligações susceptíveis no interior do polímero, conduzindo finalmente à degradação completa dos plásticos.

A celulose é o polímero estrutural mais abundante no mundo vegetal. A celulose é um polímero linear ligado a Beta-1,4 de anidro-D glucose. Encontra-se normalmente nas paredes das células vegetais, que apresentam um espessamento secundário. No que respeita à composição da celulose na parede celular das plantas, a parede celular primária tem 20-30% de celulose, enquanto a parede celular secundária tem 35-60% de celulose. Isto significa que a biodegradação da celulose é efectuada por meio de enzimas extracelulares.

Colocados num meio biologicamente ativo, como a terra, estes plásticos biodegradáveis dão origem a uma série de reacções químicas. A interação dos sais metálicos, naturalmente presentes na terra, com o agente oxidante forma ferróxidos, que atacam as ligações poliméricas, o que desencadeia a biodegradação dos plásticos. A estrutura deixada para trás é uma mera estrutura porosa e os poros assim formados aumentam a migração de potenciais reagentes para a matriz. Além disso, a superfície do polímero, após a remoção do amido, é mais hidrofílica e mais facilmente molhada, o que leva a um aumento das propriedades de transporte. A instabilidade mecânica causada contribui para a rápida desintegração da matriz. Para além disso, as enzimas extracelulares produzidas pelos microrganismos podem provavelmente provocar um ataque direto ao polímero e podem ser responsáveis pela fissuração fina do polímero que é observada.

7.3 Mecanismo de fotodegradação do plástico

A fotodegradação é a degradação de uma molécula fotodegradável causada pela absorção de fotões, particularmente os comprimentos de onda encontrados na luz solar, como a radiação infravermelha, a luz visível e a luz ultravioleta. No entanto, outras formas de radiação electromagnética podem causar fotodegradação. A foto-degradação inclui a foto-dissociação, a quebra de moléculas em pedaços mais pequenos por fotões. Inclui também a alteração da forma de uma molécula para a tornar irreversivelmente alterada, como a desnaturação de proteínas e a adição de outras moléculas de átomos. Uma reação de fotodegradação comum é a oxidação. Este tipo de fotodegradação é utilizado por algumas instalações de água potável e de águas residuais para destruir os poluentes.

A fotodegradação é induzida pela ação da luz (geralmente ultravioleta), isoladamente ou em combinação com a influência do oxigénio (foto-oxidação).

Na sua maioria, os plásticos são, no seu estado puro, insensíveis à luz solar (>290nm). No entanto, os espectros de absorção dos polímeros comerciais são bastante complicados e apresentam absorções fracas na região do ultravioleta próximo. Isto deve-se em parte à existência de partes cristalinas que dispersam a luz na região de comprimento de onda U.V. Outro fator que influencia a absorção da luz é a história térmica do polímero. O tratamento térmico (fusão e extrusão) do polímero na presença de ar aumenta a suscetibilidade do polímero à luz solar através da formação de cromóforos como grupos carbonilo, hidroperóxidos e insaturação. Quando o polímero que contém estes cromóforos absorve a fotoenergia, alguns dos electrões do estado fundamental são elevados a estados de energia mais elevados. Uma vez que estes últimos estados são instáveis, descarregam a energia de excitação através de vários processos fotoquímicos e fotofísicos, e o excesso de energia leva os processos fotoquímicos a dissociar as ligações do polímero.

Se se pretender obter plásticos que se fotodegradem num período de várias semanas em vez de um ano ou mais, é geralmente necessário introduzir estes cromóforos intencionalmente no polímero. Estes cromóforos podem ser introduzidos quer através da mistura de algum tipo de aditivos no polímero, quer através da copolimerização dos cromóforos com o plástico.

O polímero de acetato de celulose é utilizado para fabricar uma variedade de produtos de consumo, incluindo têxteis, películas de plástico e filtros de cigarros. O acetato de celulose é degradado fotoquimicamente por comprimentos de onda UV inferiores a 280 nm, mas tem uma degradabilidade foto limitada à luz solar devido à falta de cromóforos para absorver a luz ultravioleta. A foto-degradabilidade pode ser significativamente aumentada pela adição de dióxido de titânio, que é utilizado como agente branqueador em muitos produtos de consumo. A fotodegradação com TiO2 provoca a formação de pites na superfície, aumentando assim a área de superfície do material, o que melhora a biodegradação. A combinação da foto e da biodegradação permite uma sinergia que aumenta a taxa de degradação global.

O poliestireno (PS), um dos materiais mais importantes da indústria moderna dos plásticos, tem sido utilizado em todo o mundo, devido às suas excelentes propriedades físicas e ao seu baixo custo. O poliestireno e os produtos plásticos com ele relacionados não são biodegradáveis no ambiente natural. O poliestireno tem um máximo de absorção a e=250nm, que se estende ao comprimento de onda mais longo até cerca de 300nm. O PS pode absorver a radiação UV-B da luz solar e provocar uma reação de degradação. A principal reação de foto-oxidação do poliestireno é a dissociação em cadeia dos macro-radicais peróxidos, seguida da absorção efectiva de oxigénio e da libertação de produtos voláteis de destruição, HO e CO.

Na fotólise do PS, foi estudada a foto-conversão de macro-radicais de peróxido. Verificou-se que a rutura das ligações C-C e C-H conduz à formação de radicais alquilo e alil na direção principal da foto-conversão.

Alguns derivados do uracilo foram investigados como fotoestabilizadores do poliestireno, medindo a percentagem de perda de peso, o teor de gel e o peso molecular médio das fracções solúveis do polímero degradado através de medições da viscosidade intrínseca. Também é medido o grau de descoloração. Os resultados revelam uma maior eficiência de estabilização para os materiais investigados em relação aos dois absorventes de UV comerciais, salicilato de fenilo e derivado de 2-hidroxibenzofenona. Observa-se um efeito sinergético quando os estabilizadores investigados são misturados com o derivado de 2-hidroxibenzofenona em várias proporções.

Uma vez que a Índia é um país agrícola, as indústrias agrícolas adoptam muitas formas de aumentar a produção e de proteger o rendimento. As quantidades de materiais plásticos utilizadas anualmente em todo o mundo no sector agrícola ascendem a dois milhões de toneladas. Quase metade desta quantidade é utilizada em culturas protegidas (estufas, mulching, pequenos túneis, coberturas temporárias de estruturas para árvores de fruto, etc.). O impacto financeiro dos produtos provenientes de culturas protegidas é de extrema importância.

Nas zonas onde o clima é geralmente favorável, as estufas cobertas de plástico representam um dos sectores mais competitivos e produtivos da agricultura. Por conseguinte, é fácil perceber que a fiabilidade dos filmes plásticos agrícolas é um fator importante para o desenvolvimento económico positivo destas áreas. As perdas devidas a uma falha prematura do material de cobertura de proteção podem ter consequências devastadoras para a competitividade e a produtividade.

A parte mais energética do espetro solar, a radiação UV na gama entre 290 e 400 nm, pode ser absorvida pelo plástico e levar à clivagem e despolimerização das ligações, causando a fotodegradação. Os radicais livres assim produzidos podem depois reagir com o oxigénio atmosférico e levar a uma maior degradação do plástico, o que se designa por foto-oxidação. A foto-degradação afecta todo o plástico. A foto-oxidação só pode ter lugar na região próxima da superfície.

O polietileno puro, com base na sua estrutura química basicamente inerte, não deveria, em princípio, ser afetado pela foto-oxidação, uma vez que não contém grupos (como as ligações duplas) capazes de absorver no espetro do UV próximo. No entanto, as películas comerciais de polietileno contêm várias impurezas internas ou externas, geralmente cromóforos fotoabsorventes, que conferem fotossensibilidade às películas. Devido à presença destes grupos, observou-se que o máximo do espetro de ativação para a foto-oxidação do polietileno se situa a 300 nm.

Em geral, os grupos introduzidos durante o fabrico incluem: a) resíduos de catalisador contendo Ti, Al e Cl; b) grupos insaturados formados durante a polimerização de transferência de cadeia, ou desproporção de extremidades de cadeia em crescimento; e c) grupos carbonilo, introduzidos por impurezas de monóxido de carbono no monómero e por oxidação.

Outros grupos fotossensíveis introduzidos durante o processamento e a utilização incluem os peróxidos e os peróxidos de hidrogénio, que são produtos primários da oxidação térmica durante o processamento, são extremamente foto-quimicamente activos e são iniciadores de fotorreacções;Grupos carbónicos produzidos por oxidação térmica durante o processamento e o armazenamento e por foto-oxidação durante a utilização, que são também iniciadores-chave bem conhecidos das foto-reacções do tipo Norrish I e II; e Formas reactivas de oxigénio, como o ozono (O3) presente na atmosfera e o oxigénio singlete (O2), que pode ser produzido no interior do polímero por extinção de espécies excitadas por UV pelo oxigénio no estado fundamental (O2).

Todas estas impurezas conduzem a um aumento da fotodegradação, quer por absorverem energia do espetro UV, quer por serem iniciadoras de reacções de foto-oxidação (no caso dos grupos carbonilo e hidro-peróxido). Naturalmente, a presença destas impurezas depende fortemente das condições de fabrico e de processamento, que podem, em princípio, ser alteradas de modo a minimizá-las.

Uma vez presentes estas impurezas nas películas de PEBD, a fotodegradação processa-se em duas partes distintas: a) A foto-oxidação das camadas exteriores, que podem entrar em contacto direto com o oxigénio atmosférico, processa-se rapidamente, principalmente através de reacções de oxidação em cadeia de radicais, b) As camadas interiores, que não podem, em circunstâncias visuais, ser atingidas pelo oxigénio atmosférico, degradam-se mais lentamente através de foto-reacções de peroxirradicais ou de reacções de pares de radicais.

Os produtos habituais destas reacções são os grupos carbonilo (CO), hidroxilo (OH) e vinilo, enquanto os grupos trans-vinileno são produzidos em quantidades vestigiais. Devido à existência de dois modos distintos de degradação, os efeitos da foto-degradação concentram-se nas camadas superficiais das películas. Foi demonstrado com a utilização de espetroscopia de infravermelhos (IR) que o conteúdo de carbonilo cai logo abaixo da superfície, nos primeiros 0,8 mm.

Foram propostos vários mecanismos para a formação de grupos carbonilo, tais como a fotólise de peróxidos de hidrogénio isolados de acordo com um estado de transição de seis membros, reacções biomoleculares de radicais peróxidos secundários, oxidação livre de grupos hidroxilo secundários, reacções de grupos carbonilo com grupos peróxido de hidrogénio e reacções de grupos carbonilo com grupos hidroxilo.

A taxa de foto-oxidação do polietileno depende da temperatura e duplica aproximadamente por cada 10°C de aumento da temperatura. Foi igualmente demonstrado que a taxa de oxidação diminui com o aumento da orientação do polímero '1m e este facto foi atribuído tanto a uma menor solubilidade do gás como a uma menor mobilidade dos segmentos de cadeia. Em qualquer caso, o efeito de um fator específico na taxa de degradação depende também do tempo decorrido desde o início da ação de degradação específica.

7.4 Plásticos fotodegradáveis

Como alternativa, o problema da degradação do plástico pode ser resolvido através do fabrico de plásticos fotodegradáveis. Entre os plásticos, os polímeros de base aromática (os que têm uma estrutura anelar semelhante à do benzeno) são particularmente susceptíveis à fotodegradação. Para além do tipo de plástico, o tipo de luz que incide sobre um material afecta a taxa de fotodegradação. A luz ultravioleta (UV) é mais eficaz, em geral, na degradação de todos os plásticos do que a maioria das outras formas de luz.

Os aditivos utilizados para promover a foto-degradação são conhecidos como foto-sensibilizadores. Normalmente, têm uma elevada absorção de luz ultravioleta. Podem reagir diretamente para produzir radicais livres ou simplesmente transferir a energia de excitação UV para o polímero ou para o oxigénio. Em ambos os casos, a reação prossegue, resultando na fragmentação das cadeias poliméricas e na oxidação. Existe um grande número de compostos que têm sido utilizados como foto-sensibilizadores.

Os reagentes sensibilizadores preferidos para a degradação de polímeros são os que aceleram os processos de autoxidação e/ou foto-oxidação. Estes incluem reagentes de iniciação de radicais livres, catalisadores de autoxidação metalo-orgânicos, catalisadores de autoxidação de compostos orgânicos prontamente autoxidados e fotossensibilizadores.

A formulação típica inclui compostos aromáticos policíclicos como o naftaleno, o antraceno e o pireno, cetonas aromáticas e quininas. O estado excitado destes compostos transfere a energia para o oxigénio no estado fundamental, produzindo oxigénio singlete, bem como para carbonilos ou grupos insaturados quando os polímeros que contêm estes compostos são expostos à luz solar. A triclorossuccinimida e alguns outros halogenetos de azoto, dissulfuretos orgânicos, corantes e alguns complexos de ferro também têm sido utilizados.

Os compostos metalo-orgânicos, como o estearato férrico e o estearato de cério, bem como os óxidos e sais metálicos inorgânicos, como o óxido de zinco, o óxido de titânio e o cloreto férrico, também actuam como fotossensibilizadores.

Os plásticos fotodegradáveis também podem ser formados por copolimerização e, em vez de se utilizar um aditivo, também é possível modificar a estrutura química do polímero para incluir o cromóforo na cadeia principal. Isto é normalmente feito através da copolimerização de uma pequena quantidade de sensibilizadores com o monómero principal.

Este plástico é constituído por polietileno copolimerizado com uma percentagem reduzida, em peso, de monóxido de carbono. O grupo carbonilo resultante na cadeia actua como cromóforo e promove a cisão da cadeia, resultando numa fotodegradação bastante rápida, que pode ser modificada através do controlo da quantidade de monóxido de carbono incorporado, que se situa normalmente entre 1-2%, embora possa atingir 18%. Os prazos de degradação podem ser tão curtos como vários dias ou tão longos como vários meses, dependendo da percentagem de monóxido de carbono, bem como das condições climatéricas ambientais.

Outras estruturas deste tipo são os copolímeros com cetonas de vinilo. Estes incluem metacrilato de metilo com metilvinilcetona, e estireno e fenilvinilcetona, resultando em polimetacrilato de metilo fotodegradável e poliestireno, respetivamente. A copolimerização com cetonas de vinilo pode também ser utilizada com etileno, cloreto de vinilo e monómeros. Em todos estes casos, a cetona introduz uma espécie de carbonilo na cadeia principal.

Os sacos de lixo e de supermercado fotodegradáveis aumentaram substancialmente a sua quota de mercado nos últimos anos, sendo comercializados como "amigos do ambiente" e, consequentemente, apelativos para o consumidor. O custo é normalmente 2-5% superior ao dos sacos convencionais.

Um polímero fotodegradável mas não biodegradável pode tornar-se biodegradável depois de a fotodegradação ter reduzido substancialmente o seu peso molecular. A cisão da cadeia induzida pela fotodegradação pode deixar fragmentos moleculares suficientemente pequenos para que ocorra a biodegradação subsequente.

Os polímeros à base de ácido lático, vulgarmente conhecidos como poli (ácido lático), podem ser extrudidos e moldados por injeção como qualquer polímero normal e, ao mesmo tempo, podem ser completamente decompostos em dióxido de carbono e água quando enterrados no solo. A biodegradação do ácido poli-lático é normalmente provocada por sistemas enzimáticos bacterianos comuns, como as amilases e as celulases.

Relativamente ao impacto dos factores ambientais nos plásticos fotodegradáveis, existem vários factores ambientais associados à degradação dos plásticos fotodegradáveis. São eles a exposição à radiação UV, a temperatura e o processo de foto-óxido.

No que respeita à exposição à radiação UV, no caso dos plásticos fotodegradáveis, a quantidade de luz UV a que são expostos é uma variável crucial. A quantidade de exposição aos raios UV depende da latitude (mais elevada nas latitudes mais baixas) e das condições climatéricas. Um plástico fotodegradável que esteja enterrado ou coberto por detritos, ou simplesmente deitado debaixo de um arbusto à sombra, não terá tanta exposição à radiação UV como um material idêntico exposto ao sol numa área aberta, por exemplo numa praia. Por conseguinte, os plásticos fotodegradáveis nalgumas situações, como enterrados em aterros sanitários, não sofrerão qualquer degradação significativa.

Muitos polímeros naturais e sintéticos são atacados pela radiação ultravioleta e os produtos fabricados com estes materiais podem rachar ou desintegrar-se (se não forem estáveis aos raios UV).

O problema é conhecido como degradação UV e é um problema comum em produtos expostos à luz solar. A exposição contínua é um problema mais grave do que a exposição intermitente, uma vez que o ataque depende da extensão e do grau de exposição.

O outro fator que afecta o plástico fotodegradável é a temperatura. A reação química que ocorre durante a fotodegradação é acelerada com o aumento da temperatura. Por conseguinte, dada a mesma quantidade de exposição aos UV, prevê-se que a degradação seja mais rápida a temperaturas ambiente mais elevadas. Em geral, é mais lenta na água do que em terra.

Outro fator importante é a presença de oxigénio. A fotodegradação que ocorre em condições ambientais é, de facto, um processo foto-oxidativo. Se o ambiente for anaeróbico, o tipo de reação que ocorre será diferente, o que afectará o processo de degradação, tornando-o, em geral, mais lento. A fotodegradação é também afetada pelo facto de o material se encontrar na terra ou na água. A água pode filtrar a luz UV e, mesmo no caso de objectos flutuantes, o crescimento de microrganismos na superfície do material, que pode ocorrer, pode atuar como uma proteção contra a fotodegradação. A foto-degradação é geralmente mais lenta na água do que em terra.

7.5 Perspectivas futuras do plástico

Uma investigação e um desenvolvimento consideráveis têm sido direcionados para a tecnologia de realização de avanços nos materiais e no processamento de plásticos degradáveis e de aditivos que promovem a biodegradação dos plásticos.

Sempre que é introduzida uma nova tecnologia, esta deve passar por um período de evolução e, finalmente, de aceitação ou rejeição, com base nos seus méritos. A técnica de tornar os plásticos degradáveis não é exceção. Por conseguinte, não é surpreendente que, nas fases iniciais da introdução desta tecnologia, haja tanto defensores fervorosos como aqueles que encaram todo o processo com ceticismo ou suspeita.

Os plásticos degradáveis podem oferecer uma série de soluções para os problemas fundamentais do futuro, mas ainda há muita investigação e observação a fazer, o que atualmente limita uma aceitação mais generalizada dos plásticos biodegradáveis

As várias dificuldades que se colocam à aceitação dos plásticos biodegradáveis em grande escala são: prova de degradação completa, prova de que não são produzidos produtos tóxicos, desenvolvimento de infra-estruturas que garantam uma degradação rápida e completa, perfis de degradação razoavelmente precisos ou previsíveis, garantia de propriedades físicas aceitáveis para que os produtos desempenhem a sua função primária, acessibilidade económica.

7.6 Referências selecionadas

Aamer Ali Shah, Fariha Hasan, Abdul Hameed, Safia Ahmed (2008).Biological degradation of plastics: A comprehensive review. Science direct: Biotechnology Advances 26246-265" (Elsevier).

Alexandra, N., Glazer, Hiroshi, Nikaido (1998). Aplicação ambiental de microrganismos. In: Microbial biotechnology-Fundamental of applied microbiology. W. H. Freeman & Company (Pb) Nova

Iorque. (EUA) p: 283-285, 561-563,574-580.

Andrew Beevers (1991). Biodegradation and New Biodegradable Plastics (Biodegradação e novos plásticos biodegradáveis). European plastic news. 18:10-21.

Crawford, M. (1988). Dealing with Plastic Waste. Science 24:411.

Dension, R. A. &Wirka, J. (2005).Degradable Plastics Greenhouse Covering Materials. J. agric. Engng. p 76, 309-321: A resposta errada para a pergunta certa.

Evans, J.D. &. Sikdar, S. K. (1990). Biodegradabilidade de materiais fotodegradados. Chemical Technology. 154:38.

Gonzala Cosa (2004). Fotodegradação e fotossensibilização em produtos farmacêuticos: Avaliação da fototoxicidade de medicamentos. Pure Appl. Chem., Vol. 76, No. 2, p 263-

275.

Hideki Omichi (1995). Plástico degradável. In: Manual de degradação de polímeros. S. Hélio Hamid. Mohamed B. Amin, Ali G. Maadhah. (Eds) Marcel Dekker. (Pb) Nova Iorque. (EUA) p: 335-344.

Ladish& Bose (1992). Abordagem de engenharia genética para o tratamento de resíduos. In: Simpósio e Exposição Harnessing Biotechnology. Crystal City. Virginia. Edward. D. Schroeder. (Ed) Sociedade Americana de Química. (Pb) Washington (EUA) p; 467-47.

Marthe, G. B., Nemade, S. N., Khot, P. V. (1996). Plastic Polymer Degradation: A Route of economic Utilisation and Recovery of Chemicals from polymer Plastic Waste. Plastic News. 27. 39, 40.

Nester, Roberts, Nester (2000). Biotecnologia - Novas aplicações para microorganismos. In: Microbiologia - uma perspetiva humana. Elizabeth. M. Sievers. (Ed) Wm. C. Publisher. (Pb) (EUA) p: 125.

O, Leary, P. R., Walsh. P. W., Ham, R. K. (1988). Problemas ecológicos associados aos resíduos de plástico. Science. 19:259.Johnson, R. (1988). Reciclagem pós-utilização de plásticos especiais. Journal of plastic films sheeting. 4: 155.

Yutaka Tokiwa, Buenaventurada, P. Calabia, Charles, U.,Ugwu e Seiichi Aiba. (2009). Biodegradabilidade dos plásticos. Int. J. Mol. Sci. 10, 3722-3742.

Capítulo 8:
Lindano no ambiente e sua degradação

8.1 Introdução

O lindano, também conhecido como gama-hexaclorociclo-hexano (gama-HCH) > gammaxeno, gammalina e erroneamente conhecido como hexacloreto de benzeno (BHC), é uma variante química organoclorada do hexaclorociclo-hexano, que tem sido utilizada como inseticida agrícola e como tratamento farmacêutico para piolhos e sarna.

O produto químico foi originalmente sintetizado em 1825 por Faraday, mas a sua ação pesticida só foi descoberta em 1942, após o que a produção de Lindane, pela Imperial Chemical Industries Ltd (ICI), e a sua utilização começaram no Reino Unido. Tem sido utilizado para tratar culturas alimentares e produtos florestais, como tratamento de sementes, tratamento do solo e tratamento de gado e animais de companhia. Também tem sido utilizado como tratamento farmacêutico para piolhos e sarna, formulado como champô ou loção.

O hexaclorociclohexano (HCH) é uma mistura de compostos químicos formada principalmente pelos seguintes isómeros: 60%-70% alfa-HCH, 5-12% Beta-HCH, 10-12% gama-HCH e 6-8% delta-HCH. Os isómeros de HCH são reconhecidos pela sua toxicidade, persistência no ambiente e potenciais efeitos cancerígenos. Para além da questão da poluição pelo lindano, existem preocupações relacionadas com os outros isómeros do HCH, nomeadamente o alfa-HCH e o beta-HCH, que são notoriamente mais tóxicos do que o lindano, não possuem as suas propriedades insecticidas e são subprodutos da produção de lindano.

Nas décadas de 1940 e 1950, os produtores de lindano armazenaram estes isómeros em pilhas a céu aberto, o que levou à contaminação do solo e da água. Desde então, foi criado o Fórum Internacional do HCH e dos Pesticidas, que reúne peritos para tratar da limpeza e do confinamento destes locais. As normas modernas de fabrico do lindano implicam o tratamento e a conversão dos isómeros residuais em produtos químicos industriais menos tóxicos, um processo conhecido como "cracking". Atualmente, apenas algumas unidades de produção permanecem activas em todo o mundo para satisfazer as utilizações do lindano para fins de saúde pública e as necessidades agrícolas em declínio. O lindano não é fabricado nos EUA desde meados da década de 1970, mas continua a ser importado.

Aproximadamente 0,1% do lindano processado chega às águas residuais de uma fábrica de formulação. No entanto, o tratamento das águas residuais dá origem a resíduos sólidos, que devem ser incinerados. No passado, eram frequentemente despejados no ambiente e podiam ser dispersos pelo vento a partir de locais de descarga de produtos químicos (a céu aberto) para solos mais remotos.

O lindano entra no ambiente na sequência da aplicação de pesticidas que contêm lindano. As emissões podem atravessar as fronteiras nacionais na água e no ar. Por exemplo, o fluxo transfronteiriço total de lindano para os Países Baixos através das águas superficiais do rio Reno foi de aproximadamente 1,8 toneladas por ano e o fluxo através do rio Mosa foi de 0,2 toneladas por ano. Consequentemente, os HCH foram encontrados em quantidades vestigiais em todo o mundo, no ar, no solo e na água. Algumas das concentrações mais elevadas registadas foram encontradas no Noroeste do Oceano Pacífico, no Ontário Central, no Mar de Bering e na Baía Verde, isómeros alfa e gama, no Mar de Beaufort e no Nordeste do Oceano Pacífico, isómeros alfa, e no Sul da Noruega, no Sul do Oceano Pacífico e na Antárctida, isómeros gama.

O lindano é um poluente orgânico persistente: tem uma vida relativamente longa no ambiente, é transportado a longas distâncias por processos naturais como a destilação global e pode bioacumular-se nas cadeias alimentares, embora seja rapidamente eliminado quando a exposição é interrompida.

A produção e a utilização agrícola do lindano são as principais causas de contaminação ambiental, e os níveis de lindano no ambiente têm vindo a diminuir nos EUA, em consonância com a diminuição dos padrões de utilização agrícola. A produção de lindano gera grandes quantidades de resíduos de hexaclorociclohexano, isómeros, e estima-se que "cada tonelada de lindano fabricado produz cerca de 9 toneladas de resíduos tóxicos.

Quando o lindano é utilizado na agricultura, estima-se que 12-30% do mesmo se volatiliza para a atmosfera, onde está sujeito a transporte a longa distância e pode ser depositado pela precipitação. O lindano no solo pode ser lixiviado para as águas superficiais e mesmo para as águas subterrâneas e pode bioacumular-se na cadeia alimentar. No entanto, a biotransformação e a eliminação são relativamente rápidas quando a exposição é interrompida. A maior parte da exposição da população em geral ao lindano resultou de utilizações agrícolas e da ingestão de alimentos, como a carne e o leite, produzidos a partir de produtos agrícolas tratados. Embora a produção e a utilização do lindano estejam atualmente proibidas na maioria dos países, vários países continuam a utilizar o gama-HCH e novos locais estão continuamente a ser contaminados. Devido à introdução do lindano no ambiente, a presença deste poluente tem sido observada com frequência no solo e no

água (subterrânea) em todo o mundo.

O lindano é decomposto no solo, sedimentos e água em substâncias menos nocivas por algas, fungos e bactérias; no entanto, o processo é relativamente lento.

8.2 Efeitos do lindano na saúde

Tanto a EPA como a OMS classificam o lindano como "moderadamente" tóxico em termos agudos. Tem um LD oral$_{50}$ de 88mg/kg em ratos e um LD dérmico$_{50}$ de 1000mg/kg. Isto significa que uma dose de 88 mg de lindano administrada por via oral por cada kg de peso corporal matará 50% de uma amostra da população de ratos. Voluntários humanos que ingeriram uma dose de 17 mg/kg apresentaram sintomas tóxicos graves e uma dose letal para um adulto seria da ordem de 0,7-1,4g. A exposição a grandes quantidades de lindano pode prejudicar o sistema nervoso, produzindo uma série de sintomas que vão desde dores de cabeça e tonturas a convulsões, convulsões e, mais raramente, a morte, podendo causar cancro.

Foi notificada uma variedade de reacções adversas aos produtos farmacêuticos lindano, desde irritação da pele a convulsões e, em casos raros, morte. Os efeitos secundários mais comuns são sensações de ardor, comichão, secura e erupção cutânea.

O lindano não só perturba a esteroidogénese, como também altera a função de outros componentes do sistema endócrino e reprodutivo e, em conjunto, estas alterações contribuem para a patogénese da toxicidade reprodutiva induzida pelo lindano.

8.3 Métodos de degradação do lindano

Estão disponíveis várias vias de tratamento para a remoção do lindano. Os tratamentos químicos incluem a degradação induzida por micro-ondas com sepiolite modificada com NaOH e a adição de peróxido de hidrogénio. No entanto, estes tratamentos utilizam produtos químicos corrosivos e, por conseguinte, não são amigos do ambiente.

Os métodos físicos, como a dessorção térmica e a incineração, proporcionam uma degradação eficiente, mas exigem enormes infra-estruturas, o que resulta em custos de tratamento muito elevados. Além disso, geram gases altamente tóxicos.

Os tratamentos biológicos, como a biodegradação, são processos relativamente lentos, mas são atractivos devido às suas caraterísticas ecológicas inerentes e aos baixos custos, normalmente quatro a mil vezes mais baratos, por volume, do que as actuais tecnologias não biológicas.

A degradação fotolítica do lindano foi estudada em pormenor. Como o lindano tem uma volatilidade mensurável e pode ser encontrado em níveis baixos no ar, a sua degradação à luz solar foi estudada. O dióxido de carbono foi formado depois de o^{14} C-lindano ter sido adsorvido em placas de sílica-gel a uma concentração de 33µg/kg e irradiado com luz solar artificial (>290nm) na presença de ar; 6,4% do carbono foi oxidado em 17 horas. Esta oxidação foto-induzida foi aumentada quando o lindano foi exposto a oxigénio puro durante a irradiação. Não foi observada qualquer degradação mensurável (menos de 0,5%) 2000 h após a exposição do lindano à luz de uma lâmpada de xénon num Xenotest 150 na parede de um recipiente de quartzo (fase sólida). Quando a irritação foi efectuada em solução aquosa, cerca de 4% do lindano aplicado foi degradado após 2000 h. O principal produto de degradação foi o PCCH.

A irradiação do lindano com luz ultravioleta (254 nm) é obviamente mais eficaz para a degradação do composto do que a irradiação com luz de comprimentos de onda mais longos. Verificou-se uma degradação rápida do lindano tanto no estado cristalino como em solução com 2-propanol em condições, com PCCHs e TCCHs como produtos de reação. Verificou-se também uma rápida degradação do lindano no estado sólido ou gasoso e em solução aquosa na presença de irradiação ultravioleta, com um tempo de meia-vida de 12-24 h para as duas primeiras fases e de 1-2 dias para as duas últimas.

Quanto à biodegradação do lindano na água, num estudo sobre a degradação do lindano numa instalação de purificação biológica, 75% do composto foi degradado em 6 horas. Em condições aeróbias, cerca de 16% do lindano adicionado foi degradado até ao final do período de observação, enquanto mais de 97% foi degradado em condições anaeróbias. Quando a degradação do lindano foi testada em amostras de águas superficiais de duas regiões diferentes durante períodos de 3, 6 ou 12 semanas, registaram-se reduções de até 90% da concentração inicial. A maior parte do lindano foi metabolizada por microrganismos nos sedimentos: Em amostras de sedimentos e água autoclavadas antes do tratamento e da incubação, até 95% do lindano aplicado ainda estava presente.

No campo, em campos de arroz em Camargue, França, foi aplicada uma formulação contendo lindano a uma taxa que resultou numa concentração inicial na água de 54,8 mg/mm.

Observou-se um desaparecimento rápido, com uma meia-vida de cerca de 1,5 dias, e em 10 dias a concentração tinha descido para o valor de fundo de 0,08 mg/m.

8.4 Degradação microbiana do lindano

O lindano é degradado pelos microrganismos do solo tanto em condições aeróbias como anaeróbias, mas as condições anaeróbias são as mais favoráveis para o seu metabolismo. Numa cultura anaeróbia de *Clostridium sphenoides* suplementada com lindano a 5mg/litro, não foi encontrado nenhum, mesmo após 2h.

A conversão de gama-HCH em misturas contendo extrato livre de células foi muito maior na presença de glutationato reduzido (GSH). No entanto, a atividade foi baixa em comparação com as células inteiras, que converteram todo o gama-HCH em gama-TCCH ou produtos desconhecidos no espaço de 1 hora. Não se produziu gama-TCCH em misturas contendo tampão, GCH e gama-HCH. Os resultados destes estudos demonstraram uma necessidade de GSH na degradação de gama-HCH por extractos livres de células de *C. sphenoides*. Esta exigência de GSH sugere que uma conjugação de glutationato pode estar envolvida na degradação de gama-HCH por *C.sphenoides*.

Foram realizadas várias experiências sobre a degradação do lindano com populações mistas de microrganismos que ocorrem em diferentes tipos de solo, em sedimentos aquáticos e noutros tipos de solo em condições arejadas, submersas e estritamente anaeróbias.

O facto de o lindano ter sido removido mais rapidamente do solo não esterilizado do que do solo autoclavado demonstrou que a sua degradação no solo se deve à atividade microbiana. O lindano é um composto alifático com seis iões cloreto, que é resistente à degradação por muitos dos microorganismos comuns do solo. No entanto, sabe-se que alguns microrganismos, tais como fungos, cianobactérias, organismos aeróbios e anaeróbios, são capazes de biodegradar o lindano.

Clostridium sphenoides, Pseudomonas sp., Sphingomonas paucimoblis, Azotobacter sp., Pandoraea sp., Rhodanobacter sp., Klebsilla sp., Pseudoarthrobacter sp., foram registados como capazes de degradar o lindano.

Três culturas bacterianas que degradam o lindano, nomeadamente *Pseudoarthrobacter sp., Pseudomonas sp. e Klebsilla sp.*, foram selecionadas de entre dez isolados obtidos de solos expostos ao lindano através da técnica de cultura de enriquecimento. As culturas exibiram uma eficiência máxima de degradação do lindano de 50%, tendo pouco significado na bioremediação.

Verificou-se também que a degradação do lindano pelas culturas bacterianas aumentou 10-15% na presença de exsudados radiculares de plantas tolerantes ao lindano, nomeadamente milho, malagueta e coentros, embora estas plantas não fossem capazes de absorver qualquer linadano e, por conseguinte, não fossem adequadas para a fitoremediação.

A atividade de degradação do lindano em condições aeróbias foi observada em duas estirpes bacterianas: UT26, fenotipicamente identificada como *Spinggomonas paucimobiliis*, e um único isolado não identificado, denominado RP5557T, que não apresenta alta identidade (menos de 90% em todos os casos) com qualquer sequência nas bases de dados GenBank ou RDP. Uma análise filogenética baseada em sequências rrs indicou que o RP5557T pertence às *gamma-Proteobacteria* num filo coerente que inclui os géneros *Xanthomonas* e *Xylella* (100% bootstrap), enquanto o UT26 está claramente separado do *grupo Xanthomonas*.

A rizoremediação, a degradação de contaminantes por microrganismos na rizosfera (o solo afetado pelas raízes das plantas), tem um grande potencial para a remediação de solos contaminados. A atenuação natural do HCH é atribuída à atividade microbiana e, consequentemente, a bioremediação é considerada uma estratégia potencial para a atenuação in situ a longo prazo da contaminação por HCH.

Sphingomoas paucimobilis degrada aerobicamente alfa, beta, gama e delta hexaclorociclohexano. Com alfa-HCH, a degradação completa ocorreu após 3 dias, mas com beta e gama e com delta-HCH, 98 e 56% de degradação ocorreram após 12 e 8 dias de incubação, respetivamente. O pentaclorociclohexeno foi formado como metabolito primário durante a degradação de todos os isómeros de HCH.

Uma técnica de bioremediação frequentemente utilizada para a remoção de produtos químicos xenobióticos do solo é a bioaumentação, ou seja, a inoculação de bactérias especializadas na degradação. Os factores abióticos que controlam a sobrevivência dos microrganismos introduzidos incluem o teor de humidade, a temperatura, o pH, a textura e a disponibilidade de oxigénio e nutrientes. Os factores biológicos incluem a predação por protozoários, uma resistência limitada à inanição e a falta de nichos adequados para uma sobrevivência prolongada das células.

Uma abordagem para ultrapassar alguns dos problemas associados à sobrevivência microbiana após a inoculação é a formulação da inoculação em suportes protectores, por exemplo, a imobilização de células por encapsulamento.

O lindano foi degradado por *Escherichia coli* isolada das fezes de ratos. Cerca de 10% do lindano adicionado ao lindano foi metabolizado pela bactéria em caldo de soja Trypticase contendo o pesticida. O organismo degradou o lindano em 12 dias. Um único metabolito, 2, 3, 4, 5, 6- pentacloro-1-ciclohexeno, foi identificado por cromatografia gasosa-espetrometria de massa.

As espécies de *Pandoraea* degradaram 79,4% de delta-HCH e 34,3% de gama-HCH em cultura líquida após 4 semanas de incubação. O alfa e o beta-HCH apresentaram taxas de degradação quase idênticas (41,6 e 42,4%, respetivamente).

No que respeita à degradação por espécies fúngicas, os fungos da podridão branca degradam poluentes ambientais como hidrocarbonetos aromáticos policíclicos, pesticidas, corantes, plásticos e explosivos. Estes fungos possuem um sistema enzimático oxidativo extracelular que degrada a lenhina da madeira. As enzimas lignolíticas, manganês peroxidase (MnP), lignina peroxidase (LiP), também catalisam a degradação de poluentes orgânicos. Estas enzimas são produzidas em condições de limitação de nutrientes.

Quintero et al. (2008) avaliaram as capacidades degradativas de várias espécies de fungos da podridão branca, *Bjerkanderaadust, Irpexlacteus, Lentinustigrnus, Phanerochaetechrysosporium, Phanerochaetesordida, Phlebia radiate, Pleurotuseryngii, Polyporuscialatus* e *Stereumhirsutum.* A tolerância dos fungos a várias concentrações de isómeros alfa, beta, gama e delta do hexaclorociclohexano (HCH) foi estudada em amostras de meios líquidos e sólidos. Os isómeros delta e gama-HCH apresentaram a maior inibição do crescimento fúngico de todos os isómeros HCH. P. chrysosporium e B. adusta apresentaram uma elevada tolerância à poluição por HCH. Os isómeros delta e gama-HCH foram degradados entre 15,1 e 70,8% por seis das nove espécies de fungos, B. adusta, P. ciliates, L. tigrinum, S. hirsutum, P. eryngii e L. lacteus; o beta-HCH foi degradado em 56,6, 26,5 e 23,9% por B. adusta, P. ciliates e P. eryngii, respetivamente.

Embora os fungos de podridão branca possuam um sistema enzimático tão eficiente, são espécies de crescimento muito lento e, em alguns casos, também requerem ambientes ricos em oxigénio para o seu crescimento. Além disso, o envelhecimento do micélio fúngico e o risco de contaminação por bactérias em condições não estéreis têm dificultado a aplicação de fungos de podridão branca no tratamento de águas residuais. Para ultrapassar estas desvantagens das podridões brancas, devem ser feitas tentativas para isolar culturas de fungos de podridão branca de crescimento rápido capazes de uma degradação rápida e completa do lindano. O perfil enzimático de tais culturas desempenharia então um papel importante na determinação da extensão da degradação do lindano no meio. *Condiobolus* 03-156, um fungo fitomiceto não branco, degradou completamente o lindano no meio de cultura no 5º dia de incubação.

A análise de GC indicou que a adsorção de lindano nos micélios fúngicos não foi responsável pela remoção de lindano do meio. O lindano foi utilizado como fonte de carbono pelo *condiobolus* 03-1-56 apenas depois de todas as outras fontes de carbono terem sido esgotadas. O ensaio enzimático mostrou a presença de enzimas modificadoras da lenhina e da lenhina peroxidase no meio de cultura, que foram responsáveis pela degradação do lindano.

Anupama e Paul (2010) submeteram a estirpe *Azotobacter chroococcum* a uma experiência de tolerância ao lindano. A degradação foi maior no meio Jensen, em comparação com o caldo de extrato de solo. A estirpe JL 102 de A. *chroococcum* utilizou a tília como única fonte de carbono e energia, foi cultivada em meio de Jensen sem sacarose e foi suplementada com lindano a 10 e 100 ppm de concentração. Mais uma vez, em ambas as concentrações de lindano, o organismo mostrou uma percentagem de degradação consideravelmente mais elevada (79,99%, 65,7% a 10ppm e 100ppm, respetivamente) do que o controlo não inoculado. No final do período de incubação, apenas 13,6% e 8,5% do lindano nos controlos não inoculados de 10 ppm e 100ppm, respetivamente, se tinham degradado.

A degradação laboratorial do lindano em caldo de extrato de solo estudado a 10 e 100 ppm de concentração de lindano, mostrou uma degradação consideravelmente mais elevada (62,6%, 39,7% a 10 ppm e 100ppm respetivamente) de lindano do que o controlo não inoculado. No final do período de incubação, apenas 13,7% e 3,8% do lindano nos controlos não inoculados de 10 ppm e 100ppm, respetivamente, se tinham degradado. A estirpe JL 102 de A. *chroococcum* tem uma boa capacidade de degradação do lindano ex situ e in situ. Cerca de 95% do lindano aplicado ao solo foi degradado no final da 8ª semana e, por conseguinte, esta estirpe pode ser utilizada para a bioremediação de sítios contaminados com lindano.

As culturas microbianas mistas são consideradas potencialmente mais eficientes na biodegradação de compostos recalcitrantes. O isolamento de comunidades microbianas naturais através de técnicas de enriquecimento adequadas e o seu melhoramento em laboratório através da adaptação a concentrações mais elevadas do composto de interesse são passos necessários para obter culturas microbianas potentes para processos de bioremediação. Foram feitos muitos esforços para isolar degradadores eficientes de pesticidas organoclorados, incluindo os isómeros de HCH e outros produtos químicos tóxicos.

Um consórcio microbiano capaz de utilizar o gama-hexaclorociclohexano (gama-HCH) como única fonte de carbono e energia foi isolado do solo e dos esgotos através de uma nova técnica que envolveu um enriquecimento inicial num reator de coluna de vidro seguido de um enriquecimento em frasco agitado. Este consórcio demorou 14 dias a mineralizar completamente 5 e 10 µg mL-1 de gama-HCH num meio de sais minerais em frascos agitados.

É conhecida a capacidade das porfirinas que contêm ferro, como a hemina, para desalogenar organoclorados, como o DDT. Foi também registada a desalogenação dos pesticidas organoclorados dieldrina e lindano pela cobalamina. A desalogenação mediada por porfirinas parece apresentar uma ampla especificidade de substrato, muito mais do que a observada na desalogenação catalisada por enzimas. Embora a ampla especificidade de substrato das porfirinas de ferro tenha sido estabelecida, pouco se sabe sobre as combinações ideais de ião metálico e porfirina para estas desalogenações. A capacidade da porfirina para halogenar uma vasta gama de compostos organoclorados pode ter potencial para utilização como sistemas de desintoxicação, por exemplo, para desalogenar organocloretos altamente recalcitrantes em efluentes residuais para produzir compostos que sejam mais facilmente biodegradáveis.

8.5 Degradação do lindano por nanopartículas

Convencionalmente, foram comunicados três métodos, nomeadamente a degradação química, a adsorção física e a bioremediação, para a remoção do lindano de soluções aquosas. Estes incluem a utilização de irradiação por micro-ondas, a degradação com sepiolite modificada com NaOH e a adição de peróxido de hidrogénio. Muitos investigadores demonstraram a utilização de culturas microbianas para a bioremediação do lindano. As considerações importantes na utilização de processos microbianos para a degradação do lindano são: i) A taxa lenta de biodegradação que requer um longo período de tempo (24-100h); ii) Possíveis efeitos patogénicos dos microrganismos utilizados; e iii) Degradação incompleta do lindano, resultando em produtos de degradação mais nocivos.

Uma abordagem mais prática que está a tornar-se cada vez mais popular é a utilização de ferro granular zero-valente ou de nanopartículas de ferro para a desalogenação redutora catalítica de vários compostos organoclorados. Estes materiais à escala nanométrica são catalisadores altamente eficientes devido à sua enorme área de superfície e consequente reatividade química intrínseca melhorada. Embora se reconheça que as partículas metálicas têm tendência para se aglomerarem. Por conseguinte, as nanopartículas de ferro são estabilizadas por suportes que impedem a sua aglomeração ou pela síntese de partículas bio-metálicas de ferro com um invólucro exterior de um metal não corrosivo, como a Pt, a Pd, etc.

A utilização de nanopartículas de ferro na água potável pode representar um risco para a saúde até agora desconhecido. Por conseguinte, poderá ser necessário remover as nanopartículas das águas tratadas. Isto pode constituir outro desafio, uma vez que as nanopartículas coloidais não podem ser removidas por métodos simples como a filtração ou a centrifugação. Além disso, a utilização de partículas bio-metálicas tende a tornar o processo de tratamento global altamente especializado e dispendioso. Foi demonstrado que os sulfuretos à nanoescala podem atuar como dadores de electrões para reduzir os contaminantes. Por conseguinte, a combinação de ferro e sulfureto, por exemplo, como FeS, poderia aumentar consideravelmente a degradação redutora de compostos halogenados. As nanopartículas de FeS foram sintetizadas pelo método químico húmido e foram estabilizadas utilizando um polímero do fungo basidiomiceto, *Itajahia sp.*

As nanopartículas estabilizadas conseguiram degradar o lindano (5mg/l) com uma eficiência de 94% em 8 horas. Observou-se que o lindano residual, bem como o seu intermediário parcialmente degradado, o TCB, foram completamente removidos em 60 minutos após a inoculação da cultura bacteriana. Foi utilizada nos estudos uma cultura bacteriana designada como Lin 1, isolada de uma amostra local de solo exposto ao lindano. A cultura foi capaz de degradar o lindano, bem como o biopolímero FPI. Este último processo facilitou a agregação do FeS, que podia ser facilmente removido por filtração.

O novo método nano biotecnológico integrado promete fornecer uma solução eficiente, segura e económica para o problema da remoção de poluentes clorados das fontes de água.

Outro método de degradação do HCH é a redução catalítica sobre catalisadores metálicos. As vantagens que estes processos catalíticos oferecem são tanto ambientais como comerciais, como condições mais suaves, eliminação de reagentes tóxicos e dispendiosos, facilidade de separação catalisador/produto, boa seletividade e rendimentos. Foi registada a utilização de Pd como catalisador para a eliminação do lindano. Foi demonstrado que a reação produz benzeno à temperatura ambiente e a 50°C, respetivamente. A superfície específica desempenha um papel importante nas reacções de redução catalítica, uma vez que uma grande superfície específica aumenta a reatividade do catalisador. *A Shewanella oneidensis*, uma espécie redutora de metais versátil, é conhecida pela sua capacidade de participar em nanopartículas metálicas que são formadas denovo por bio-redução ou adsorvidas do meio circundante. Mais especificamente, a deposição bio-redutora de nanopartículas de paládio (0) em *S. oneidensis*. Foi demonstrado que este chamado bio-paládio (bioPd) desalogenava redutivamente os bifenilos policlorados (PCB).

8.6 Degradação do Lindne em bioreactores

Para desenvolver uma tecnologia de reactores para a utilização de bioPd (0) no tratamento de águas poluídas com compostos clorados, uma condição muito importante é a retenção do bioPd (0) no interior do reator. De facto, a contaminação da água com Pd (0) não é desejável, devido à sua possível toxicidade e ao elevado custo do Pd. A utilização de uma membrana no reator é uma solução possível para cumprir este requisito. Uma membrana de diálise é uma membrana única derivada dos polímeros poliéter sulfona e polivinilpolipropidona. Em comparação com as membranas sintéticas convencionais, a membrana de diálise tem uma espessura de parede reduzida e tem três camadas individuais e diferentes (camada de separação, camada de suporte e camada de controlo de fluxo). Esta estrutura, com a sua terceira camada para controlo do fluxo, oferece um melhor desempenho de ultrafiltração em comparação com outras membranas tradicionais de baixo fluxo.

Um estudo investigou a utilização de partículas de bioPd (0) participadas na biomassa de Shewanella oneidensis, para a remoção de lindano. Foi demonstrado que o bioPd (0) tem atividade catalítica para a descloração do *gama-HCH*, com a adição de formato como dador de electrões, e que a descloração com bioPd (0) foi mais eficiente do que com Pd (0) comercial.

O composto biodegradável benzeno foi formado como produto da reação e outros isómeros do HCH também puderam ser desclorados. Subsequentemente, o bioPd (0) foi implementado numa tecnologia de reator de membrana para o tratamento de água poluída com gama-HCH. Foi conseguida uma remoção completa, eficiente e rápida do lindano por biocatalisadores com bioPd (0).

Embora tenha sido demonstrada a degradação biológica dos isómeros de HCH em condições aeróbias, a elevada adsorção do poluente ao solo e a sua disponibilidade restrita para a ação biológica de microrganismos endógenos ou exógenos limitam a extensão e a taxa de degradação. Uma possibilidade de favorecer a mobilidade dos poluentes é a sua transferência do solo para a fase líquida. O sistema de fase líquida é uma técnica de bioremediação em que o solo contaminado é combinado com água e outros aditivos num biorreactor de tanque agitado. Este sistema minimiza a formação de agregados e permite um equilíbrio mais rápido entre as fases sólida e líquida através da suspensão e agitação vigorosa do solo num meio líquido. Ambos os efeitos favorecem a transferência de massa e, portanto, aumentam a taxa de biodegradação dos poluentes.

Num estudo, o alfa e o gama-HCH foram completamente degradados após 10 dias, enquanto quase 90% do beta- e do delta-HCH só foram removidos após 50 dias. De acordo com os resultados obtidos relativos à degradação total dos isómeros de HCH e às taxas de degradação, especialmente elevadas para o alfa e o gama-HCH, o reator anaeróbio de lamas parece ser uma boa alternativa para a degradação dos isómeros de HCH presentes no solo poluído.

Foi também estudada a decloração anaeróbia do hexaclorociclohexano (THCH) de grau técnico num reator anaeróbio de fluxo ascendente contínuo (UASB) com metanol como substrato suplementar e dador de electrões. Um reator sem metanol serviu de controlo experimental. A concentração de THCH na alimentação de entrada, tanto no reator UASB experimental como no de controlo, foi de 100 mg l^{-1}.

Após 60 dias de funcionamento contínuo, a remoção de THCH foi >99% no reator suplementado com metanol, em comparação com 20-35% no reator de controlo. O THCH foi completamente desclorado no reator alimentado com metanol a 48h HRT após 2 meses de funcionamento contínuo.

Os estudos em lote que utilizaram outros substratos suplementares, bem como dadores de electrões, nomeadamente acetato, butirato, formato e etanol, revelaram percentagens de decloração inferiores (<85%) e taxas de decloração (<3mg g^{-1} d^{-1}) em comparação com o metanol (98%, 5mg g^{-1} d^{-1}).

A concentração óptima de metanol necessária para a decloração estável do THCH (100mg l^{-1}) no reator UASB foi de 500mg l^{-1}.

A adição de metanol como dador de electrões aumenta a decloração do THCH a uma concentração de entrada elevada e é também necessária para um desempenho estável do reator UASB.

8.7 Conclusão

O lindano é uma molécula altamente tóxica que causa muitas perturbações neurológicas, etc. Além disso, o composto policlorado é uma das principais causas de preocupação ambiental. Embora tenha sido banido das fórmulas de produtos anti-piolhos (por exemplo, champôs, loções, óleos, etc.) em alguns países, continua a ser produzido em muitos países em desenvolvimento. Incluindo a Índia.

Por conseguinte, é importante encontrar meios para eliminar estas moléculas tóxicas do ambiente. Muitos métodos têm sido sugeridos. Os métodos físicos são um meio atrativo de eliminar estas moléculas do ambiente. No entanto, técnicas como a dessorção térmica e a incineração requerem uma boa infraestrutura. A degradação em condições húmidas e hidrolíticas foi comunicada juntamente com as meias-vidas do lindano e dos seus isómeros. No entanto, estas condições implicam acidificação ou basificação, o que pode conduzir a outros problemas ambientais. A degradação fotolítica tem um conjunto de problemas associados, principalmente a elevada frequência de radiações necessária e também a degradação é lenta e não completa no sentido em que os produtos finais são cloroderivados que são novamente poluentes. Os tratamentos químicos incluem a degradação induzida por micro-ondas com sepiolite modificada com NaOH e a adição de peróxido de hidrogénio.

Os métodos biológicos, contudo, são prometedores nos esforços de degradação do lindano. Utilizam microrganismos amigos do ambiente, quer como estirpe pura quer como consórcio misto. Estes métodos, embora lentos, resultam numa degradação completa em produtos desalogenados não tóxicos. São uma alternativa ecológica e económica para a degradação do lindano e dos seus derivados.

Uma série de bactérias e fungos aeróbios e anaeróbios têm mostrado resultados positivos na degradação do lindano. Recentemente, foram empregues consórcios mistos de microrganismos, que provaram ser mais eficientes.

Devido às vantagens inatas da degradação biológica do lindano, podem ser utilizados microrganismos de bioengenharia. As enzimas necessárias para a transformação têm de ser analisadas quanto às sequências de aminoácidos dos seus péptidos constituintes. Esta informação pode ser utilizada para determinar a sequência de pares de bases. Uma vez decifrada a sequência de pares de bases, a biotecnologia pode ser utilizada para criar organismos de bioengenharia capazes de degradar o lindano.

8.7 Referências selecionadas

Bhatt,Praveena, Suresh Kumar,M.,Mudliar,Sandeep e Chakraborty, Tapan (2008). Melhoria da biodegradação do hexaclorociclohexano no reator anaeróbio de fluxo ascendente com manta de lamas utilizando o metanol como dador de electrões. Bio resource Technology. 99: 2594-2602.

Bintein, S.&Devillers, J. (1996). Avaliação do destino ambiental do Lindano em França. Chemosphere. 32: 2427-2440.

Francis, A. J.,Spanggord,R. J.&. Ouchi,G. I.(1975). Degradação de Lindane por Escherichia coli. Appl Environ Microbiol. 29 (4): 567-568.

Iwata, H., Tanabe, S. Sakai, N. &Tatsukawa, R. (1993). Distribuição de organoclorados persistentes no ar oceânico e na água do mar superficial e o papel do oceano no seu transporte e destino globais. Environ. Sci. Technology. 27: 1080-1098.

Nagpal, Varima&Paknikar, K. M. (2006). Abordagem biológica integrada para a degradação melhorada do lindano. Jornal Indiano de Biotecnologia. 5: 400-406.

Pesce,S.F.eWunderlin,D. A. (2004). Biodegradação de lindano por um consórcio bacteriano nativo isolado de sedimento de rio contaminado, Int. Biodet. Biodegrad. 54: 255-260.

Quintero, J. C., Moreira, M. T.,Lema, J. M. eFeijoo, G. (2006). Um bioreactor anaeróbio permite a degradação eficiente de isómeros de HCH no chorume do solo. Chemosphere. 63: 1005-1013.

Slater, J. H. eLovatt, D. (1984). Biodegradação e o significado das comunidades microbianas. In:

Microbial Degradation of Organic Compounds. Gibson, D. T.Ed. Nova Iorque. Pp. 439-485.

Theresa, M., Phillips, Alan, G., Seech, Hung, Lee & Jack, Trevors, T. (2005). Biodegradação de hexaclorociclohexano (HCH) por microorganismos. Biodegradação. 16: 363392.

Vijgen, Jhon (2006). O legado da produção do isómero HCH do lindano. Associação Internacional de HCH e Pesticidas. Anexos: A Global Overview of Residue Management, Formulation and Disposal.

Capítulo 9:
Importância da degradação microbiana do petróleo

9.1 Introdução

A poluição por petróleo é o derrame de produtos petrolíferos brutos ou refinados no ambiente. Um derrame de petróleo é a libertação de um hidrocarboneto de petróleo líquido no ambiente devido à atividade humana, e é uma forma de poluição. O termo refere-se frequentemente a derrames de petróleo marinho, em que o petróleo é libertado no oceano ou nas águas costeiras. O petróleo pode ser uma variedade de materiais, incluindo petróleo bruto, produtos petrolíferos refinados, como a gasolina ou o gasóleo ou subprodutos, bancas de navios, resíduos oleosos ou petróleo misturado com resíduos. Os derrames demoram meses ou mesmo anos a limpar.

O petróleo é um termo geral utilizado para designar os produtos petrolíferos, que consistem principalmente em hidrocarbonetos. Os petróleos brutos são constituídos por um vasto espetro de hidrocarbonetos, desde materiais leves e muito voláteis, como o propano e o benzeno, até compostos pesados mais complexos, como os betumes, os asfaltenos, as resinas e as ceras. Os produtos refinados, como a gasolina ou o fuelóleo, são compostos por gamas mais pequenas e mais específicas destes hidrocarbonetos.

Com o petróleo a encontrar uma vasta gama de aplicações sob a forma de combustível para veículos, fonte de aquecimento para casas e indústrias, para a produção de eletricidade e para as operações industriais básicas, tem havido uma enorme procura de produção e movimentação de petróleo. O petróleo está assim a ser continuamente bombeado do solo, refinado, transportado e armazenado, o que resulta em derrames por "operações" ou "acidentes".

Os derrames de petróleo têm sido uma das principais causas de preocupação, uma vez que representam um perigo para a saúde pública, devastam os recursos naturais e perturbam a economia.

A biodegradação natural é, em última análise, um dos meios mais importantes através dos quais o petróleo é removido do ambiente, especialmente os componentes não voláteis do petróleo bruto ou refinado. Em geral, é o processo pelo qual os microrganismos (especialmente bactérias, leveduras, fungos e alguns outros organismos) transformam quimicamente compostos como os hidrocarbonetos de petróleo em produtos mais simples. Embora alguns produtos possam, de facto, ser mais complexos, o ideal seria que os hidrocarbonetos fossem convertidos em dióxido de carbono (isto é, mineralização), produtos solúveis em água não tóxicos e nova biomassa microbiana. O mero desaparecimento do óleo (por exemplo, através da emulsificação por células vivas) não é tecnicamente uma biodegradação se o óleo tiver sido efetivamente transformado quimicamente por micróbios. O ideal pode ser difícil de alcançar, particularmente num período de tempo razoavelmente curto, dada a recalcitrância de algumas fracções petrolíferas à biodegradação e muitas variáveis que afectam a sua taxa e extensão.

Os processos bioquímicos de degradação do óleo com a participação de microrganismos incluem vários tipos de reacções enzimáticas baseadas em oxigenases, desidrogenases e hidrolases. Estas provocam a hidro-oxidação aromática e alifática, a desaminação oxidativa, a hidrólise e outras transformações bioquímicas das substâncias oleaginosas originais e dos produtos intermédios da sua degradação.

9.2 Efeitos dos derrames de petróleo no ecossistema

A vida aquática pode ser afetada pelas propriedades físicas e químicas do petróleo derramado, sendo a principal ameaça representada pelos resíduos na superfície do mar contaminada. Uma exposição de curta duração pode tornar os sabores e odores desagradáveis para a vida aquática, mas uma exposição prolongada, mesmo a pequenas concentrações de componentes tóxicos, pode afetar a capacidade dos organismos marinhos de se reproduzirem, crescerem, alimentarem-se ou desempenharem outras funções. Outro impacto dos derrames de petróleo pode ser observado nas linhas costeiras, onde grandes áreas de rochas, areia e lama são afectadas, resultando numa perda de valor estético das praias.

Na água doce, a contaminação por hidrocarbonetos pode resultar em impactos graves no habitat. As massas de água estagnadas fazem com que o óleo permaneça no ambiente durante muito tempo, resultando numa exposição prolongada das plantas e dos animais. No caso dos rios e ribeiros, o óleo não só tende a acumular-se nas plantas e ervas que crescem nas margens, como também interage com os sedimentos, afectando assim os organismos.

As aves morrem devido a derrames de petróleo se as suas penas ficarem cobertas de petróleo. Os animais podem morrer porque apanham hipotermia, o que faz com que a sua temperatura corporal seja muito baixa. Podem morrer devido a uma temperatura corporal muito baixa. O petróleo também pode causar a morte de um animal ao entrar nos pulmões do animal ou o petróleo também pode matar um animal ao cegá-lo. O petróleo reveste o pelo das lontras marinhas e das focas, reduzindo a sua capacidade de isolamento e provocando flutuações da temperatura corporal e hipotermia. A ingestão do óleo provoca desidratação e má digestão.

As empresas de pesca comercial podem ser afectadas de forma permanente. Os efeitos ecológicos a longo prazo que contaminam ou destroem o substrato orgânico marinho, interrompendo assim a cadeia alimentar, são também prejudiciais para a fauna e a flora, pelo que as populações de espécies podem alterar-se ou desaparecer.

Quando ocorre um derrame de hidrocarbonetos, são muitos os factores que determinam se o derrame irá causar danos biológicos graves e duradouros, danos comparativamente reduzidos ou nulos ou um grau intermédio de danos. Assim, por exemplo, se um derrame ocorrer numa pequena área confinada, de modo que o petróleo não possa escapar, os danos serão maiores para um determinado volume e tipo de petróleo derramado do que se o mesmo volume fosse libertado numa área relativamente aberta.

No mar alto, o possível impacto na biota pode ser no fitoplâncton, zooplâncton, bentos, pesca, aves, mamíferos, etc., enquanto que nas águas costeiras os impactos serão também na fauna entre-marés, na aquicultura, nas algas e nos mangais.

9.3 Métodos de limpeza de hidrocarbonetos

Algumas das ferramentas utilizadas para controlar o petróleo num derrame incluem os "booms", que são barreiras flutuantes utilizadas para limpar o petróleo da superfície da água e para evitar que as manchas se espalhem. Os trabalhadores também podem utilizar skimmers. Os skimmers são barcos que podem remover o petróleo da água. Skimmers que utilizam bombas ou aspiradores para remover o petróleo à medida que este flutua na água. Os sorventes são esponjas que podem recolher o petróleo. Os sorventes absorvem o petróleo quando são colocados numa área de derrame. Por vezes, são utilizados produtos químicos denominados dispersantes para decompor o petróleo e retirá-lo da superfície da água. Pode ser utilizado um avião para sobrevoar a água, largando produtos químicos no oceano. Os produtos químicos podem decompor o petróleo no oceano.

A biotecnologia, no entanto, demonstrou que determinadas espécies de bactérias e fungos, normalmente encontradas no solo, podem proteger o ambiente marinho decompondo vários tipos de hidrocarbonetos, o principal componente do petróleo. No entanto, para serem eficazes na limpeza de derrames de hidrocarbonetos marinhos, os microrganismos devem ser capazes de resistir ao ambiente marinho, por exemplo, precisam de sobreviver em concentrações elevadas de sal e de crescer a baixas temperaturas.

Poderá ser necessário utilizar algumas das técnicas da biotecnologia moderna para introduzir estas caraterísticas nos microrganismos oleaginosos adequados.

A biodegradação é definida como a redução biologicamente catalisada da complexidade dos compostos químicos. Baseia-se em dois processos: crescimento e co-metabolismo. No caso do crescimento, os poluentes orgânicos são utilizados como única fonte de carbono e energia. Este processo resulta numa degradação completa de um composto orgânico na presença de substratos de crescimento que são utilizados como fonte primária de carbono e energia. Uma única bactéria não possui a capacidade enzimática para degradar todos ou mesmo a maioria dos compostos orgânicos numa área poluída. As comunidades microbianas mistas têm o maior potencial de biodegradação porque a informação genética de mais de um organismo é necessária para degradar uma mistura complexa de compostos orgânicos.

Os poluentes petrolíferos foram removidos da água do mar utilizando diferentes espécies de *Cynanobacteria, Acinetobacter, Flavobacterium, Psuedomonas, Rhodococus, Micrococcus, Corynebacterium, Nocardia*, etc.

Foram estabelecidas vias metabólicas para a degradação de uma série de estruturas alifáticas e aromáticas simples. A via geral de degradação de um alcalino envolve a formação sequencial de um álcool, um aldeído e um ácido gordo. O ácido gordo é então clivado (descarboxilado), libertando CO2 e formando um novo ácido gordo 2 unidades mais curto do que a molécula-mãe. Este processo é conhecido como beta-oxidação. Os alcenos também são degradados mais ou menos da mesma forma.

A bioremediação está a tornar-se o método preferido para tratar o solo e as águas subterrâneas afectadas pela poluição por hidrocarbonetos. Trata-se de um processo que utiliza microorganismos para transformar compostos orgânicos nocivos, como o petróleo, em compostos não tóxicos e menos perigosos. Mesmo a água do mar contém uma série de micróbios que podem degradar parcial ou totalmente o petróleo em compostos solúveis em água e, eventualmente, em dióxido de carbono e água. O aspeto mais favorável da bioremediação in-situ, para além da acessibilidade económica, é o facto de a limpeza poder ter lugar diretamente no local onde existe poluição.

A prevenção de derrames de hidrocarbonetos tornou-se uma das principais prioridades; e de igual importância, os esforços para conter e remover os hidrocarbonetos derramados são considerados como prevenção de derrames secundários. Os custos associados aos derrames de petróleo e os regulamentos que regem as instalações e operações offshore incentivaram o desenvolvimento de tecnologia melhorada para a prevenção de derrames.

A poluição pode ser vista como a substância errada no sítio errado, em quantidades erradas e no momento errado. Poluição da água, do ar e do solo significa a introdução de materiais que prejudicam a saúde humana ou a sobrevivência de plantas, animais e seres humanos, muitas vezes, apenas os de importância económica para os seres humanos. A impureza ou contaminação da água natural que resulta na alteração das suas propriedades físicas, químicas ou biológicas é designada por poluição da água.

Existem seis tipos de poluentes principais que podem poluir o ambiente: 1) Esgotos e fertilizantes 2) Hidrocarbonetos clorados e pesticidas 3) Metais pesados, 4) Petróleo e produtos petrolíferos 5) Substâncias radioactivas e 6) Plásticos.

Estima-se que todos os anos são derramados no oceano 284 milhões de galões de petróleo, a maior parte dos quais provenientes de navios-tanque. Um derrame de petróleo é a libertação de um hidrocarboneto líquido de petróleo no ambiente devido à atividade humana e é uma forma de poluição. O termo refere-se frequentemente a derrames de petróleo no mar, em que o petróleo é libertado no oceano ou nas águas costeiras. O petróleo pode ser uma variedade de materiais, incluindo petróleo bruto, produtos petrolíferos refinados, como a gasolina ou o gasóleo ou subprodutos, bancas de navios, resíduos oleosos ou petróleo misturado com resíduos. Os derrames demoram meses ou mesmo anos a limpar.

As descargas de petróleo à superfície têm causado grandes problemas de poluição. O petróleo continua a ser utilizado como a principal fonte de energia e, por conseguinte, um importante poluente ambiental global. O petróleo é uma mistura complexa de componentes não aquosos e hidrofóbicos como os n-alcalinos, os aromáticos, as resinas e os asfaltenos. O petróleo é constituído por hidrocarbonetos, que são estáveis na ausência de oxigénio. Em condições naturais, existe um estado estável entre a entrada de petróleo proveniente das infiltrações naturais e o mecanismo de remoção. O petróleo é o poluente mais visível no mar, quando um grande navio-tanque encalha e derrama a carga involuntariamente, ou quando uma fonte de petróleo offshore descarrega de forma descontrolada.

Os derrames de petróleo têm sido uma das principais causas de preocupação, uma vez que representam um perigo para a saúde pública, devastam os recursos naturais e perturbam a economia. Quando pensamos em derrames de petróleo, pensamos normalmente em petroleiros que derramam a sua carga nos mares e oceanos. Mas os derrames podem dever-se a quaisquer operações e acidentes que ocorram na indústria petrolífera.

Quando derramados no mar, os hidrocarbonetos fragmentam-se normalmente e dissipam-se ou espalham-se no meio marinho ao longo do tempo. Esta dissipação resulta de uma série de processos químicos e físicos que alteram os compostos que constituem o petróleo quando este é derramado. Estes processos são conhecidos coletivamente como meteorização. Os petróleos sofrem intempéries de diferentes formas. Alguns dos processos, como a dispersão natural do petróleo na água, fazem com que parte do petróleo deixe a superfície do mar, enquanto outros, como a evaporação ou a formação de água em emulsões de petróleo, fazem com que o petróleo que permanece à superfície se torne mais persistente.

Os derrames de hidrocarbonetos podem prejudicar a vida marinha, i) por envenenamento após ingestão, ii) por contacto direto e iii) por destruição de habitats, nomeadamente peixes, camarões e caranguejos, pinguins e outras aves aquáticas, lontras marinhas, leões marinhos, focas e orcas. O petróleo entra nos seus corpos e morrem sufocados. Todas estas criaturas engolem o óleo e respiram também os fumos venenosos. Os seus corpos ficam cobertos de petróleo e milhares deles morrem num instante. As aves morrem devido a derrames de petróleo se as suas penas ficarem cobertas de petróleo. A ave fica então envenenada porque tenta limpar-se a si própria. Os animais podem morrer devido a hipotermia, que faz com que a sua temperatura corporal seja muito baixa. Podem morrer devido a uma temperatura corporal muito baixa. O óleo também causa a morte de um animal ao entrar nos pulmões ou no fígado do animal. O animal será então envenenado pelo óleo. O petróleo também pode matar um animal ao prendê-lo. O animal não será capaz de ver e de se aperceber dos seus predadores. As aves marinhas são fortemente afectadas pelos derrames de petróleo. Uma ave marinha pode ficar coberta pelo petróleo. O óleo negro e espesso é demasiado pesado para as aves voarem, pelo que tentam limpar-se a si próprias. A ave come então o óleo para limpar as suas penas e envenena-se.

As baleias assassinas ficam em perigo com os derrames de petróleo. O petróleo pode ser ingerido ou entrar no espiráculo da baleia. O espiráculo é um buraco que as ajuda a respirar. As baleias levantam-se sobre a água para respirar. Se o espiráculo estiver tapado com petróleo, a baleia não consegue respirar. A principal razão para as baleias morrerem por causa de um derrame acontece quando comem um peixe que nada através do petróleo. Se um peixe passar a nado pelo óleo, a baleia come o óleo juntamente com o peixe, sendo assim envenenada e morta.

No oceano, com os derrames de petróleo, o plâncton, as larvas de peixes e os organismos que vivem no fundo são fortemente afectados. Até as algas, as amêijoas, as ostras e os mexilhões podem ser afectados pelos derrames de petróleo. Também os acidentes ao largo da costa podem causar a morte destes pequenos seres vivos, uma vez que é aqui que estes pequenos organismos vivem.

Quando centenas de plâncton morrem por causa do petróleo, essa espécie de animal pode extinguir-se. Depois, os peixes não conseguirão comer os plânctons, pelo que se extinguirão. Uma baleia assassina pode então extinguir-se porque não pode comer os peixes. Assim, os derrames de petróleo podem danificar toda a cadeia alimentar da zona.

Os derrames de petróleo constituem uma séria ameaça para os ambientes marinhos e de água doce, afectando os recursos de superfície e uma vasta gama de organismos subterrâneos que estão ligados numa complexa cadeia alimentar que inclui os recursos alimentares humanos. O petróleo derramado pode prejudicar o ambiente de várias formas, incluindo os danos físicos que afectam diretamente a vida selvagem e os seus habitats, e a toxicidade do próprio petróleo, que pode envenenar os organismos expostos. A gravidade do impacto de um derrame de petróleo depende de uma série de factores, incluindo as propriedades físicas do petróleo, quer se trate de óleos derivados do petróleo ou de óleos não derivados do petróleo, e as acções naturais das águas receptoras sobre o petróleo.

Os efeitos biológicos do petróleo incluem: a) Perigos para o homem através da ingestão de alimentos marinhos contaminados; b) Diminuição dos recursos haliêuticos ou danos à vida selvagem, como aves marinhas e mamíferos marinhos; c) Diminuição dos valores estéticos devido a manchas inestéticas ou praias oleadas; d) Modificação dos ecossistemas marinhos através da eliminação de espécies com uma diminuição inicial da diversidade e da produtividade; e e) Modificação dos habitats, atrasando ou impedindo a recolonização.

A técnica de limpeza de derrames de hidrocarbonetos depende em grande medida do tipo de hidrocarbonetos, das condições presentes num local e durante o tempo do derrame. Os vários processos de remediação podem, assim, ser divididos em duas categorias: a) Processo a curto prazo b) Processo a longo prazo

Os métodos físicos aplicados na limpeza de derrames de petróleo incluem a recuperação com recurso a barreiras e escumadeiras, a técnica de absorção para a limpeza de petróleo e a queima como método de limpeza de derrames de petróleo.

1. Recuperação de hidrocarbonetos com recurso a barras e escumadeiras

É normalmente a primeira medida utilizada para tentar limpar um derrame de petróleo. À volta da mancha de petróleo flutuante são colocadas longas barreiras flutuantes de plástico ou borracha, designadas por barreiras. Estas actuam como vedações, contendo o petróleo e impedindo a sua propagação. Para além disso, as barreiras podem ser utilizadas para desviar e canalizar as manchas de petróleo ao longo dos caminhos desejados, facilitando a sua remoção da superfície da água. As barreiras podem ser divididas em vários tipos básicos.

As barras de vedação têm uma borda livre elevada e um dispositivo de flutuação plano, o que as torna menos eficazes em águas agitadas, onde a ação das ondas e do vento pode provocar a torção da barra. As barras redondas ou de cortina têm um dispositivo de flutuação mais circular e uma saia de continuação. Têm um bom desempenho em águas agitadas, mas são mais difíceis de limpar e armazenar do que as barras de vedação.

Depois de o petróleo ter sido contido com recurso a barreiras, são utilizados "skimmers" ou embarcações que retiram o petróleo derramado da superfície da água. Em águas calmas, os skimmers de vácuo funcionam bem para aspirar o petróleo e colocá-lo em tanques de armazenamento. Em águas agitadas, os skimmers de disco flutuante e de corda podem ser passados através do petróleo. Normalmente, as barreiras e os skimmers são a primeira técnica empregue para remover o petróleo de ambientes marinhos, mas esta técnica pode recuperar uma proporção muito pequena do petróleo derramado. A única desvantagem associada a esta técnica é o facto de dificultar a tendência natural do petróleo para se espalhar e dispersar.

2. Técnica de absorção para a limpeza de óleos

A absorção é a técnica empregue em águas copiosas ou de movimento rápido, quando métodos como a contenção e a remoção falham. Neste método, os materiais absorventes, como o conto, a palha, a serradura e os absorventes sintéticos, são adicionados à mancha de óleo e depois removidos quando tiverem absorvido parte do óleo. Estes materiais absorventes actuam como uma grande esponja, removendo o petróleo, mas os materiais absorventes contaminados devem ser tratados como resíduos tóxicos e apresentam problemas de eliminação.

3. A queima como método de limpeza de derrames de petróleo

A queima in situ como método de limpeza de derrames de petróleo é definida como a queima controlada de um derrame de petróleo à superfície da água. A queima requer um equipamento mínimo, embora seja necessário algum equipamento especializado e formação. Uma vez que o petróleo é gaseificado durante a combustão, a necessidade de recolha física, armazenamento e transporte do produto recuperado é reduzida, mas pode causar uma grande poluição atmosférica. Por vezes, a queima também deixa um resíduo tóxico na superfície da água, causando mais poluição em vez de a remover do ambiente natural.

Os métodos químicos utilizados para limpar os derrames de petróleo incluem: Utilização de dispersantes. Os dispersantes são produtos químicos que promovem a formação de pequenas gotículas de petróleo e retardam a formação de manchas. Após os derrames de petróleo, as gotículas de petróleo desfazem-se devido às ondas e correntes durante o processo de dispersão. As gotículas de água e de óleo combinam-se então numa emulsão de água em óleo, que tem uma elevada viscosidade. O equilíbrio entre a dispersão natural e a emulsificação é estabelecido. Os dispersantes podem alterar este tipo de equilíbrio natural, inibir a formação de emulsões e promover a dispersão do óleo. Assim, podem remover o óleo derramado da superfície da água e reduzir o impacto no ambiente.

9.4 Limpeza microbiana da poluição por hidrocarbonetos

Os métodos biológicos aplicados na limpeza de derrames de petróleo incluem a bioremediação e a biodegradação. A bioremediação está a tornar-se o método preferido para tratar in situ o solo e as águas subterrâneas afectadas pela poluição por petróleo. Trata-se de um processo que utiliza microorganismos para transformar compostos orgânicos nocivos, como o petróleo, em compostos não tóxicos e menos perigosos. Mesmo a água do mar contém uma série de micróbios que podem degradar parcial ou totalmente o petróleo em compostos solúveis em água e, eventualmente, em dióxido de carbono e água. Os microrganismos necessitam de nutrientes (nitrogénio e fósforo) e de carbono orgânico para poderem continuar a crescer e a respirar. A temperatura da água e o nível de oxigénio presente também afectam a eficiência da biodegradação. O aspeto mais favorável da biorremediação in-situ, para além da sua acessibilidade, é o facto de a limpeza poder ter lugar diretamente no local onde existe poluição.

A biorremediação consiste na utilização de microrganismos (fungos ou bactérias) para decompor poluentes tóxicos em compostos menos nocivos. Para melhorar a aplicação da biorremediação, é extremamente importante conhecer o processo de biodegradação.

A bioremediação é um método potencialmente significativo para atenuar os danos causados pelos derrames de hidrocarbonetos marinhos, pelo que as técnicas para acelerar e melhorar a eficiência deste processo natural têm tido vários proponentes nas últimas duas décadas.

A degradação do petróleo por microrganismos é um dos processos naturais a longo prazo mais importantes para a remoção do petróleo do ambiente marinho.

A biodegradação é a decomposição de contaminantes orgânicos que ocorre devido à atividade microbiana. Como tal, estes contaminantes podem ser considerados como a fonte de alimento ou substrato microbiano. A biodegradação de qualquer composto orgânico pode ser considerada como uma série de etapas de degradação biológica ou uma via que, em última análise, resulta na oxidação do composto de origem. Existem muitos factores ambientais que afectam a biodegradação do petróleo.

A biodegradação ou mineralização completa envolve a oxidação do composto de origem para formar dióxido de carbono e água, um processo que fornece carbono e energia para o crescimento e reprodução das células. A mineralização de um composto orgânico ocorre em condições aeróbias ou anaeróbias. Cada etapa de degradação na via é catalisada por uma enzima específica produzida pelo organismo degradador.

Como a biodegradação é um processo natural, os microrganismos podem eliminar muitos componentes do petróleo do ambiente. A eficácia da tecnologia de bioremediação é complicada por vários factores. Em primeiro lugar, a biodegradação é apenas um dos processos em ação para remover o petróleo do ambiente marinho. Para compreender o efeito deste processo na remoção do petróleo, é necessário conhecer os efeitos de outros processos. Em segundo lugar, o petróleo não é um material simples, contém milhares de compostos. Alguns deles são facilmente biodegradáveis, enquanto outros resistem à biodegradação. Em terceiro lugar, um grande número de microrganismos é responsável pela biodegradação, e estas espécies desenvolveram muitas vias metabólicas para degradar o petróleo.

A biodegradação do petróleo por bactérias pode ocorrer tanto em condições óxicas como anóxicas, pela ação de diferentes consórcios de organismos. A biodegradação do petróleo na subsuperfície ocorre principalmente em condições anóxicas, mediada por bactérias redutoras de sulfato nos casos em que o sulfato dissolvido está presente ou por bactérias metanogénicas nos casos em que o sulfato dissolvido é baixo.

Muitas bactérias marinhas capazes de degradar hidrocarbonetos de petróleo foram isoladas de diferentes locais em todo o mundo. No entanto, poucas delas parecem ser importantes para a biodegradação do petróleo em ambientes naturais. Bactérias pertencentes aos géneros *Alcanivorax, cycloclasticus, Thalassolituus* e *Oleispira* tornam-se predominantes em habitats marinhos geograficamente instintos contaminados com hidrocarbonetos de petróleo, especialmente quando fertilizantes de azoto e fósforo são adicionados a bactérias marinhas degradadoras, estimulando o crescimento de microrganismos endógenos. Estas bactérias clásticas obrigatórias de hidrocarbonetos marinhos foram recuperadas de uma vasta gama de tipos de habitats marinhos e são omnipresentes em termos de distribuição em ambientes marinhos.

Do petróleo que entra nos habitats marinhos, uma parte substancial é degradada por microrganismos autóctones. É provável que esses organismos sejam limitados em águas não poluídas e desempenhem um papel importante na determinação do destino dos hidrocarbonetos derramados nesses sistemas, pelo que poderá ser possível desenvolver estratégias de intervenção para promover actividades benéficas deste tipo.

Um novo grupo de novas bactérias degradadoras de hidrocarbonetos clásticos, as bactérias obrigatórias de hidrocarbonetos clásticos marinhos (OMHCB), foi isolado num passado recente, por diluição por extinção em meio contendo apenas água do mar e substratos de hidrocarbonetos. Trata-se de bactérias dos géneros *Alcanivorax, cycloclasticus, Marinobactor, Neptunomonas, Oleiphilus, Oleispira* e *Thalassolituus* dentro das Proteobacteria, e do género Planococcus dentro das bactérias gram positivas. Estas bactérias utilizam fontes de carbono limitadas com uma preferência por hidrocarbonetos de petróleo e são, portanto, bactérias "hidrocarboneto-clásticas profissionais". Do mesmo modo, as estirpes *Alcanivorax* e *Thalassolituus* crescem em n-alcanos e alcanos ramificados, mas não podem utilizar quaisquer açúcares ou aminoácidos como fontes de carbono. Da mesma forma, as estirpes *de Cycloclasticus* crescem nos hidrocarbonetos aromáticos, naftaleno, fenantreno e antraceno, enquanto as estirpes de *Oleiphilus* e *Oleispira* crescem nos hidrocarbonetos alifáticos, alcanóis e alcanoatos.

Uma vez que o petróleo bruto é uma mistura complexa de diferentes hidrocarbonetos, o papel específico dos membros individuais das diversas comunidades bacterianas que podem degradar o petróleo permanece, no entanto, pouco claro.

Os poluentes orgânicos no ambiente são constituintes de óleos minerais e produtos halogenados da petroquímica. Por conseguinte, as capacidades dos microrganismos aeróbios são de particular relevância para a biodegradação de tais compostos e são exemplarmente descritas com referência à degradação de hidrocarbonetos alifáticos e aromáticos, bem como dos seus derivados clorados. A degradação mais rápida e completa da maioria dos poluentes ocorre, naturalmente, em condições aeróbias.

Um grande número de géneros bacterianos e fúngicos possui a capacidade de degradar poluentes orgânicos. A biodegradação é definida como a redução biologicamente catalisada da complexidade dos compostos químicos. Baseia-se em dois processos: crescimento e cometabolismo. No caso do crescimento, os poluentes orgânicos são utilizados como única fonte de carbono e energia. Este processo resulta numa degradação completa (mineralização) dos poluentes orgânicos, como demonstrado. O cometabolismo é definido como o metabolismo de um composto orgânico na presença de um substrato de crescimento que é utilizado como fonte primária de carbono e energia.

A degradação em condições anaeróbias ocorre quando a taxa de consumo de oxigénio pelos microrganismos é superior à taxa de difusão de oxigénio através do ar ou da água. Na ausência de oxigénio, os compostos orgânicos podem ser mineralizados através da respiração anaeróbia utilizando um aceitador terminal de electrões que não o oxigénio, como o ferro, o nitrato, o manganês, o sulfato e o carbonato.

9.5 Conclusão

A poluição por hidrocarbonetos é um problema ambiental de importância crescente. Os microrganismos que degradam hidrocarbonetos, adaptados a crescer e a desenvolver-se em ambientes contaminados por petróleo, têm um papel importante no tratamento biológico desta poluição.

O petróleo bruto é um poluente importante constituído por milhares de componentes. Ao ser descarregado no mar, é sujeito a intemperismo, o processo causado por efeitos combinados de modificação física, química e biológica. Sabe-se que as concentrações de N e P disponíveis na água do mar limitam o crescimento dos microrganismos degradadores de hidrocarbonetos num ambiente marinho. Foram isolados muitos microrganismos capazes de degradar componentes do petróleo. No entanto, poucos deles parecem ser importantes para a biodegradação do petróleo em ambientes naturais. Um grupo de bactérias pertencentes ao género Alcanivorax torna-se predominante num ambiente marinho contaminado por petróleo.

A degradação dos alcanos pode também ser efectuada exclusivamente por *Thalassoiltus oleivorans, Roseobacter, Rhodococcus sps., Geobacillus sp, Bacillus sp., Pseudomonas aeruginosa, Comamonas, Marinbacter, Oleispira, Cycloclasticus*, para citar alguns. Esta classe de microrganismos degradadores de hidrocarbonetos é designada por Bactérias Hidrocarboneto-Clásticas Obrigatórias (OHCB) e desempenha um papel significativo na remoção biológica de hidrocarbonetos de petróleo de águas marinhas poluídas.

As taxas de biodegradação dependem muito da composição, do estado e da concentração do petróleo ou dos hidrocarbonetos. A temperatura e as concentrações de oxigénio e de nutrientes são variáveis importantes tanto nos ecossistemas aquáticos como nos terrestres. A salinidade e a pressão também podem afetar as taxas de biodegradação em alguns ambientes aquáticos. Os microrganismos que degradam os hidrocarbonetos produzem bio-surfactantes de natureza química e tamanho molecular diversos. Os materiais tensioactivos aumentam a área de superfície dos substratos hidrofóbicos insolúveis em água e aumentam a sua biodisponibilidade, reforçando assim o crescimento das bactérias e a taxa de biodegradação. No que respeita às substâncias insolúveis em água, como os n-alcanos, a natureza hidrofóbica da superfície das células bacterianas desempenha um papel importante. O contacto da célula com substratos hidrofóbicos é crucial porque o passo inicial na degradação de hidrocarbonetos alifáticos e aromáticos é frequentemente mediado por reacções de oxidação catalisadas por oxigenases associadas à superfície celular. As alcano-hidroxilases segregadas por muitos alcano-tróficos -obrigados desempenham também um papel importante na degradação microbiana do petróleo.

Espera-se que a melhoria das estratégias de remediação dos derrames de petróleo resulte de uma melhor compreensão da natureza, das actividades e dos parâmetros reguladores das comunidades microbianas que degradam os hidrocarbonetos de petróleo no ambiente.

Os micróbios, como as bactérias e os fungos, são os principais agentes de degradação, sendo que as bactérias assumem o papel dominante nos ecossistemas. As comunidades adaptadas, ou seja, aquelas que foram previamente expostas a hidrocarbonetos, apresentam taxas de biodegradação mais elevadas do que as comunidades sem historial de contaminação por hidrocarbonetos. Os mecanismos de adaptação incluem tanto o enriquecimento seletivo como alterações genéticas, resultando num aumento líquido do número de organismos que utilizam hidrocarbonetos e do conjunto de organismos que utilizam hidrocarbonetos

As aplicações da tecnologia de ADN recombinante podem também permitir a construção de estirpes bacterianas que exibam sondas para a análise de genes de metabolização de hidrocarbonetos genéticos na comunidade. A associação de tais genes com ADN plasmídico pode também levar a um aumento da frequência de microrganismos portadores de plasmídeos.

Os recentes desenvolvimentos na ecologia da biodegradação de hidrocarbonetos envolvem a demonstração do metabolismo anaeróbio de hidrocarbonetos aromáticos e a aplicação de sondas de DNA para a análise da adaptação genética das comunidades microbianas à exposição a hidrocarbonetos aromáticos. A expansão do método das sondas de ADN para a deteção de genes que codificam o catabolismo de outras classes de hidrocarbonetos, bem como para a deteção de ARNs específicos, deverá revolucionar o estudo da degradação microbiana de hidrocarbonetos no ambiente.

Também a tecnologia do ADN recombinante pode permitir a construção de estirpes bacterianas que exibam uma capacidade melhorada para o metabolismo dos hidrocarbonetos, mas os estudos de campo devem aguardar a resolução da questão da libertação de microrganismos geneticamente modificados no ambiente.

9.6 Referências selecionadas

Atlas, R. M. e Bartha,R. (1973). Destino e efeitos da poluição por hidrocarbonetos no ambiente marinho. Residue Reviews, 49 (2), pg. 49-85.

Cooney, J. J. (1984). The fate of petroleum pollutants in freshwater ecosystems (O destino dos poluentes petrolíferos nos ecossistemas de água doce). Em R. M. Atlas (ed.), Petroleum microbiology, Macmillan Publishing Co. Nova Iorque, pp. 399434.

Eliora, Z. e Ron, Eugene Rosenberg (2002). Bio surfactants and Bioremediation Current Opinion in Biotechnology, 13 (3), pg. 120.

Fugita, T. (2003). Mistura bacteriana com capacidade de degradação de óleo e método de tratamento de componentes de óleo. Patente dos Estados Unidos 6649400.

Labana, Sumeet, Manisha Kapur, Deepak, K. Malik, Dhan Prakash e R. K. Jain. (2007). Em Environmental Bioremediation Technologies, Springer Publications, Primeira edição, pp. 54-60.

Leon, V., Kumar, M. (2005). Atualização biológica de petróleo bruto pesado. Engenharia Biotecnológica de Bioprocessos, 10, 471-481.

Sargg, Alan (2005), In environmental biotechnology, Oxford University Press, primeira edição, pp. 305.

Thakur Indu Shekhar (2006). In Environmental Biotechnology, I.K. international Pvt. Ltd., pp. 266-267.

Watabe, Kazuo, Murayama, Keiichi (2007). Rhodococcus para a degradação de alcanos. Japan Kokai Tokkyo Koho 104936 (Ci.C12N1/20), pg.297.

Wu, Chun-Te. (2006). Estudos sobre a emulsificação de óleo diesel por bactérias degradadoras de óleo diesel. Shiyou Jikan, 42 (3), 29-37.

Capítulo 10:
Aplicações da biotecnologia para a despoluição do ambiente

10.1 Introdução

O ambiente inclui o nosso meio envolvente com uma componente viva, biótica, e uma componente não viva, abiótica. Enquanto o ambiente biótico é constituído por todos os organismos vivos, como as plantas, os animais e os microrganismos, o ambiente abiótico é constituído pela água, o ar e o solo. Por poluição ambiental entende-se a presença de substâncias indesejáveis no ambiente, nocivas para o homem e para outros organismos. No passado recente, verificou-se um aumento significativo do grau de poluição ambiental devido às actividades humanas.

As principais fontes de poluição ambiental incluem as indústrias, as fontes agrícolas, as fontes antropogénicas, tais como as actividades relacionadas com o homem, principalmente nas zonas urbanas, e as fontes biogénicas, etc. Os poluentes são de natureza química, biológica e física. Os poluentes químicos incluem os poluentes gasosos, tais como os gases perigosos como o dióxido de enxofre, o óxido de azoto, os metais tóxicos, os pesticidas, os herbicidas, as toxinas e os carcinogéneos, enquanto os poluentes físicos são o calor, o som, as radiações e as substâncias radioactivas.

O controlo da poluição ambiental e a conservação do ambiente e da biodiversidade são as principais áreas de interesse de todos os países. Os esforços não se limitam a utilizar a biotecnologia para proteger o ambiente da poluição, mas também para conservar os recursos naturais. Os microrganismos são conhecidos como necrófagos naturais, pelo que as preparações microbianas, tanto naturais como geneticamente modificadas, podem ser utilizadas para limpar o ambiente.

Os micróbios têm uma enorme importância no ambiente. A microbiologia contribuiu muito para a nossa compreensão dos processos vivos. Este facto resultou, em grande parte, de trabalhos sobre espécies importantes do ponto de vista industrial ou médico e a maioria destas são aeróbias, mesófilas, neutrófilas e heterótrofas.

Os organismos dos ambientes respondem às condições e adaptam-se a elas. Os mecanismos de adaptação incluem a exclusão, a desintoxicação ou a adaptação. Os termófilos, alguns halófilos, osmófilos e espécies tolerantes aos metais adaptaram a sua fisiologia a diferentes níveis para sobreviverem às condições adversas em que se encontram. Outras espécies tolerantes aos metais desenvolveram mecanismos de desintoxicação dos efeitos dos metais pesados. Os acidófilos e alcalófilos sobrevivem aos extremos de pH em grande parte por mecanismos de exclusão.

O digestor anaeróbio de águas residuais domésticas e agrícolas tem sido proposto como um meio barato de obter energia sob a forma de gás metano. A reação global resulta na decomposição anaeróbia de sólidos orgânicos complexos em CO, H_2 e CH_4 , deixando um resíduo sólido muito reduzido. O processo é mediado por um consórcio de bactérias anaeróbias mal definidas, que também inclui muitas espécies termofílicas, especialmente entre as metanogénicas. As vantagens propostas incluem taxas mais rápidas de conversão de matéria orgânica em CH_4 , aumento do rendimento e melhoria da eficiência, podendo o CH_4 ser utilizado como combustível,

A compostagem é um processo aeróbico que degrada resíduos orgânicos sólidos e húmidos. Isto reflecte-se na composição microbiana do composto que é mediada por organismos mesófilos e termofílicos que são principalmente Gram-positivos e incluem *Bacillus, Streptomyces, Thermomonospora e Thermoactinomyces*. É evidente que os Bacilos termófilos dominam e que são necessários métodos mais selectivos para isolar os actinomicetos. O produto final é um produto estável do tipo húmus que é estudado para utilização como fertilizante com baixo teor de C/N. A preparação de composto é um processo bem padronizado na indústria de cogumelos. A matéria-prima inclui normalmente estrume de cavalo ou de galinha, que é empilhado em pilhas e virado ocasionalmente. Devido à atividade microbiana, a temperatura aumenta até cerca de 70°C. A fase dois é uma fase de pasteurização na qual o composto é rapidamente aquecido a 60°C, depois a 50°C durante 7 dias, durante os quais os actinomicetos e os bacilos se tornam cada vez mais dominantes e também a maior parte do amoníaco é expulso nesta altura.

A biotecnologia tem-se revelado muito eficaz na limpeza do ambiente. A biotecnologia moderna permitiu aos cientistas estudar as bactérias disponíveis que estão envolvidas na degradação dos resíduos, incluindo substâncias perigosas. As estirpes mais eficientes destas bactérias podem ser clonadas e reproduzidas em grandes quantidades e, eventualmente, aplicadas em locais específicos para uma rápida degradação dos resíduos. O controlo da poluição na própria fonte é uma abordagem extremamente eficaz para um ambiente mais limpo.

10.2 Áreas ambientais para aplicações da tecnologia microbiana

Há vários domínios e áreas do ambiente em que a biotecnologia microbiana pode ser aplicada, incluindo aterros sanitários, compostagem, biorremediação, fitorremediação, biossensores, biodegradação de xenobióticos, bio-mineração, controlo da poluição, controlo de pragas e tratamento de resíduos.

Um método comum de eliminação de resíduos é a tecnologia de aterro anaeróbio de baixo custo, em que os resíduos sólidos são depositados em locais de baixa altitude e de baixo valor. O depósito de resíduos é comprimido e coberto por uma camada de solo todos os dias. Estas áreas de aterro contêm uma grande variedade de bactérias, capazes de degradar diferentes tipos de resíduos. A compostagem é um meio de tratamento seguro dos resíduos orgânicos e uma técnica de reciclagem da matéria orgânica. Esta técnica desempenha um papel significativo nos sistemas de gestão de resíduos, uma vez que permite a reutilização de material orgânico derivado de resíduos domésticos, agrícolas e da indústria alimentar.

Muitos poluentes são complexos por natureza e, por conseguinte, difíceis de decompor. Esses poluentes estão a acumular-se enormemente no ambiente natural. A aplicação da biotecnologia tem ajudado na gestão ambiental desses contaminantes perigosos através da bioremediação. Este processo é também designado por bio-restauração ou bio-tratamento. A bioremediação envolve a utilização de microrganismos naturalmente existentes para acelerar a decomposição e a degradação de substâncias químicas e materiais biológicos. A utilização de micróbios também se revelou eficaz na limpeza de sítios tóxicos. A bioremediação emprega agentes biológicos que transformam resíduos perigosos em compostos não perigosos ou menos perigosos.

Os biossensores são dispositivos biofísicos que podem detetar e medir as quantidades de substâncias específicas numa variedade de ambientes. Os biossensores incluem enzimas, anticorpos e até microorganismos, que podem ser utilizados para fins clínicos, imunológicos, genéticos e outros fins de investigação. As sondas biossensoras são utilizadas para detetar e monitorizar poluentes no ambiente. O biossensor é um "dispositivo de biomonitorização utilizado para a medição e avaliação de substâncias químicas tóxicas ou dos seus metabolitos num tecido, excrementos ou qualquer outra combinação relacionada. Envolve a absorção, a distribuição, a biotransformação, a acumulação e a remoção de substâncias químicas tóxicas. Isto ajuda a minimizar o risco para os trabalhadores industriais que estão diretamente expostos a produtos químicos tóxicos.

A biodegradação de compostos xenobióticos é uma área de interesse no domínio do ambiente. Os xenobióticos são compostos de origem recente produzidos pelo homem. Estes incluem corantes, solventes, nitrotoluenos, benzopireno, poliestireno, explosivos, óleos, pesticidas e surfactantes. Como se trata de substâncias não naturais, os micróbios presentes no ambiente não dispõem de um mecanismo específico para a sua degradação, pelo que tendem a persistir no ecossistema durante muitos anos. A degradação dos compostos xenobióticos depende da estabilidade, do tamanho e da volatilidade da molécula, e do ambiente em que a molécula existe, como o pH, a suscetibilidade à luz e a meteorização. As ferramentas biotecnológicas podem ser utilizadas para compreender as suas propriedades moleculares e ajudar a conceber mecanismos adequados para atacar estes compostos.

A bio-mineração é uma área de interesse da biotecnologia ambiental. Entre as indústrias mais antigas do mundo, a mineração é a fonte de níveis alarmantes de poluição ambiental. A biotecnologia moderna está agora a ser utilizada para melhorar o ambiente em torno das áreas mineiras através de vários microrganismos. A biotecnologia também oferece os meios para melhorar a eficiência da bio-mineração, através do desenvolvimento de estirpes bacterianas que podem suportar temperaturas elevadas. Verifica-se que as estirpes bacterianas geneticamente modificadas são resistentes a metais pesados como o mercúrio, o cádmio e o arsénico. Se os genes que protegem estes micróbios dos metais pesados forem clonados e transferidos para as estirpes susceptíveis, a eficiência da bio-mineração pode ser aumentada em muito.

A biotecnologia também pode ser aplicada no controlo da poluição. Com a ajuda da biotecnologia moderna, os biocatalisadores naturais podem ser utilizados para desintoxicar os produtos químicos nocivos libertados no ambiente. Estes biocatalisadores ajudaram a eliminar compostos cancerígenos como o cloreto de metileno dos resíduos industriais.

Um tipo especial de bactérias é exposto aos resíduos num bioreactor, onde as bactérias consomem o químico nocivo e o convertem em água, dióxido de carbono e sais, destruindo assim completamente o composto químico. Uma espécie de bactéria Geobacter metallireducens é também utilizada para remover urânio de águas de drenagem em operações mineiras e de águas subterrâneas contaminadas.

O isolamento e a subsequente caraterização de vários genes importantes ajudarão a desenvolver estirpes capazes de degradar uma vasta gama de poluentes. As manipulações moleculares podem também ajudar a adaptar as bactérias para as utilizar na remoção de tóxicos específicos.

Para o controlo das pragas, estão a ser produzidos biopesticidas. Os pesticidas bacterianos estão agora a ser sintetizados através da transferência do gene bacteriano (Bacillus thuringiensis) Bt para as plantas. Este gene codifica uma proteína que, quando ingerida por insectos que se alimentam, resulta na solubilização do trato digestivo do inseto (intestino médio) e liberta protoxinas. Isto leva a perturbações no equilíbrio e acaba por matar o inseto.

Estão a ser desenvolvidos "pesticidas biológicos" para combater as pragas de insectos (verme da bola e verme do botão) através da transferência do gene Bt para uma bactéria do solo (espécie Pseudomonas). Várias empresas americanas estão envolvidas no desenvolvimento e comercialização de pesticidas biológicos e criaram bactérias vivas geneticamente modificadas para o revestimento de sementes antes da plantação. A Mycogen mata bactérias recombinantes e aplica-as nas folhas das plantas cultivadas. Ambas as abordagens protegem a toxina da degradação por microrganismos e da luz ultra-violeta quando aplicada às plantas.

O tratamento das águas residuais pode ser efectuado através da utilização de microrganismos. O esgoto é definido como a água residual resultante das várias actividades humanas, da agricultura e das indústrias e contém principalmente compostos orgânicos e inorgânicos, substâncias tóxicas, metais pesados e organismos patogénicos. As águas residuais são tratadas para eliminar estas substâncias indesejáveis, submetendo a matéria orgânica à biodegradação por microorganismos. A biodegradação envolve a degradação da matéria orgânica em moléculas mais pequenas (CO2, NH3, PO4, etc.) e requer um fornecimento constante de oxigénio. O processo de fornecimento de oxigénio é dispendioso, fastidioso e exige muitos conhecimentos e mão de obra. Estes problemas são ultrapassados através do cultivo de microalgas nas lagoas e tanques onde é efectuado o tratamento das águas residuais. As algas libertam O2 enquanto realizam a fotossíntese, o que garante um fornecimento contínuo de oxigénio.

As algas também são capazes de adsorver certos metais pesados tóxicos devido às cargas negativas na superfície das células das algas, que podem absorver os metais de carga positiva. O tratamento das águas residuais com algas também favorece o crescimento dos peixes, uma vez que as algas são uma boa fonte de alimento para os peixes. As algas utilizadas no tratamento de águas residuais são *Chlorella, Euglene, Chlamydomnas, Scenedesmus, Ulothrix, Thribonima*, etc.

10.3 Aplicações da biotecnologia para a limpeza ambiental

Muitos organismos de interesse foram isolados, melhorados, desenvolvidos e concebidos para serem aplicados na limpeza ambiental e no controlo da poluição, o que constitui a biotecnologia ambiental, que tem aplicações no ambiente.

Um microbiologista americano descobriu um micróbio GS-15, capaz de absorver urânio das águas residuais de uma fábrica de armas nucleares. Os microrganismos GS-15 convertem o urânio presente na água em partículas insolúveis que se precipitam e se depositam no fundo.

O fungo Rhizopus arrhizus pode absorver 30-130 mg de cádmio/gm de biomassa seca. O fungo tem iões na sua parede celular, como aminas, carboxilo e grupos hidroxilo. 1,5 kg de pó de micélio podem ser utilizados para recuperar metais de 1 tonelada de água carregada com 5 gramas de cádmio.

O "Algasorb", um produto patenteado pela Bio-recovery Systems Company, absorve iões de metais pesados de águas residuais ou subterrâneas de forma semelhante. A captura de algas mortas em material polimérico de gel de sílica produz o Algasorb. Protege as células das algas de serem destruídas por outros microrganismos. Algasorb funciona da mesma forma que a resina de permuta iónica comercial, e os metais pesados podem ser removidos por saturação.

Os metais podem ser acumulados por algumas algas e bactérias, sendo assim removidos do ambiente. Por exemplo, "Pseudomonas aeruginosa" pode acumular urânio e "Thiobacillus" pode acumular prata. Uma mistura de micróbios e enzimas pode limpar resíduos químicos, incluindo óleo, detergentes, resíduos de fábricas de papel e pesticidas.

As plantas também estão a ser utilizadas para limpar locais infestados de metais. Este processo é designado por fitoremediação. Os metais podem ser recuperados através da queima das plantas. Esta prática tem-se revelado extremamente eficaz.

Os derrames acidentais de petróleo representam uma grande ameaça para os ambientes oceânicos. Estes derrames têm um impacto direto nos organismos marinhos. Para combater este problema, os cientistas desenvolveram organismos vivos para limpar os derrames de petróleo. Os microrganismos mais comuns que se alimentam de petróleo são as bactérias e os fungos.

O Dr. Anand Chakrabarty, um importante cientista de origem indiana sedeado nos EUA, criou com êxito bactérias capazes de degradar o petróleo em hidrocarbonetos individuais. Estas bactérias incluem a Pseudomonas aeruginosa', onde foi introduzido um gene para a degradação do petróleo na Pseudomonas. Depois de o petróleo ter sido completamente removido da superfície, estes insectos comedores de petróleo artificiais acabam por morrer, uma vez que já não conseguem suportar o seu crescimento. O Dr. Chakrabarty foi o primeiro cientista a obter uma patente para estes organismos vivos.

Também se verificou que as espécies de Penicillium possuem caraterísticas de degradação do petróleo, mas o seu efeito necessita de muito mais tempo do que a bactéria geneticamente modificada. Muitos outros microorganismos, como a bactéria Alcanivorax, também são capazes de degradar produtos petrolíferos.

Para combater os bifenilos policlorados (PCB), os cientistas isolaram uma série de genes da bactéria KF 707 (Pseudomonas pseudoalkali) que degradam os PCB. Foi também isolada toda uma classe de genes, designados por enzimas bph-making. Estas enzimas são responsáveis pela degradação dos PCB.

Outras bactérias geneticamente modificadas estão também a degradar diferentes gamas de compostos clorados. Por exemplo, uma estirpe bacteriana anaeróbia Desulfitlobacterium sp. Y51 desclora o PCE (policloroetileno) em cw-12-dicloroetileno (cDCE),

Cientistas japoneses criaram uma tecnologia chamada "DNA shuffling", que envolve a mistura do DNA de duas estirpes diferentes de bactérias degradadoras de PCB. Isto resulta na formação de genes bph quiméricos, que produzem enzimas capazes de degradar uma grande variedade de PCB. Estes genes são posteriormente introduzidos no cromossoma das bactérias originais que degradam PCB, e a estirpe híbrida obtida é um agente de degradação extremamente eficaz.

Também foram isolados genes de bactérias que são resistentes ao mercúrio, designados por genes mer. Estes genes mer são responsáveis pela degradação total de compostos orgânicos mercuriais. Os genes bph e tod-genes para bactérias degradadoras de tolueno (Pseudomonas putida Fl) mostraram organizações genéticas semelhantes. Ambos os genes codificam enzimas que apresentam uma semelhança de sessenta por cento. Ao trocar as subunidades das enzimas, é possível construir uma enzima híbrida. Uma dessas enzimas híbridas criadas é a desoxigenase híbrida, que é composta por TodCl - Bph A2 - Bph A3 - Bph A4. Esta foi expressa em E.coli. Esta desoxigenase híbrida foi capaz de degradar mais rapidamente os compostos à base de tricloroetileno (TCE). O gene todCl das bactérias que degradam o tolueno foi introduzido com êxito no cromossoma da estirpe bacteriana KF707. Esta estirpe resultou numa degradação eficiente do TCE. Esta estirpe KF707 também pode ser cultivada em tolueno ou benzeno, etc.

Para melhorar o ambiente em torno das zonas mineiras, foi utilizada uma bactéria Thiobacillus ferooxidans para retirar o cobre dos rejeitos das minas. Isto também ajudou a melhorar a recuperação. Esta bactéria está naturalmente presente em certos materiais que contêm enxofre e pode ser utilizada para oxidar compostos inorgânicos como os minerais de sulfureto de cobre. Este processo liberta soluções ácidas e oxidantes de iões férricos que podem lavar os metais do minério em bruto. Estas bactérias mastigam o minério e libertam cobre que pode ser posteriormente recolhido. Estes métodos de biotransformação são responsáveis por quase um quarto da produção total de cobre a nível mundial. O bioprocessamento também é utilizado para extrair metais como o ouro de minérios de ouro sulfídicos de muito baixo grau.

O potencial biotecnológico dos halófilos extremos, como a Halobacterium, é muito menos direto do que o que acaba de ser descrito para os halófilos moderados ou os microrganismos halotolerantes, uma vez que a Halobacterium não sintetiza em excesso compostos industrialmente importantes. No entanto, a Halobacterium possui enzimas que funcionam naturalmente em condições de elevado teor de sal e estas enzimas podem ser capazes de funcionar e acelerar a reação desejada nas condições adversas de alguns processos industriais, que desnaturariam imediatamente enzimas menos resistentes. No entanto, o genoma da Halobacterium é muito instável, pelo que qualquer papel para a Halobacterium na biotecnologia dependerá provavelmente da transferência de alguma da sua informação genética para outro micróbio, utilizando a técnica da engenharia genética, na qual se espera que os genes úteis possam ser consistentemente sobre-expressos durante longos períodos de tempo à escala industrial.

Cerca de sessenta e cinco elementos que exibem propriedades metálicas são denominados metais pesados. Uma caraterística geral dos metais pesados é a sua conhecida toxicidade para as formas microbianas e de vida, que constitui a base de muitas preparações biocidas. No entanto, muitos "metais vestigiais" são essenciais para o crescimento e o metabolismo a baixa concentração, por exemplo, Cu, Zn, Fe, Ni, Mn, Co, e os microrganismos possuem mecanismos de especificidade variável para a sua acumulação intracelular a partir do seu ambiente externo. Em contraste, muitos outros metais não têm funções biológicas essenciais, por exemplo, Pb, Sn, Cd, Al, Hg, mas ainda assim podem ser acumulados. Assim, o ferro biologicamente essencial está presente como sais de Fe (II) solúveis em água em condições anaeróbicas e seria transportável por bactérias anaeróbicas primitivas. No entanto, em condições semelhantes, o alumínio, o chumbo e o estanho são insolúveis, exceto se o pH for muito baixo. Além disso, os metais não essenciais são geralmente pouco abundantes na biosfera, pelo que não devem competir com os sistemas de transporte específicos dos elementos essenciais.

Algumas interações metal-micróbio, em que a acumulação de biomassa conduz à remoção do ambiente externo, são de interesse biotecnológico atual tanto para a recuperação como para a valorização de metais ou para a desintoxicação de efluentes poluídos. A compreensão das respostas microbianas aos metais pesados é também relevante para a preservação e proteção de materiais naturais e sintéticos, uma vez que os compostos inorgânicos e organometálicos continuam a ser amplamente utilizados como agentes microbianos. Isto pode resultar numa maior população de habitats terrestres e aquáticos por escoamento e lixiviação.

Em ambientes naturais, a abundância média de metais pesados é geralmente baixa e muitos deles sequestrados em sedimentos, solos e depósitos minerais podem estar biologicamente indisponíveis. Embora possam ocorrer níveis elevados de metais em locais naturais bastante específicos, por exemplo, fontes marinhas profundas, fontes termais e solos vulcânicos, é principalmente em resultado de actividades industriais que os ecossistemas estão cada vez mais sujeitos à poluição por metais pesados. Uma grande variedade de actividades industriais acelerou a mobilização de muitos metais pesados acima das taxas do ciclo geoquímico natural e verifica-se um aumento da deposição em ambientes aquáticos e terrestres, bem como da libertação para a atmosfera. As emissões atmosféricas de Cd, Zn e Pb podem resultar de processos como a extração mineira e a transformação de minérios, bem como a queima de combustíveis fósseis, ao passo que o Hg elementar e os organomercuriais entram na atmosfera a partir dos solos, rochas e estações de tratamento de águas residuais, em grande parte como resultado da atividade microbiana. A alteração das práticas agrícolas, por exemplo, uma lavoura mais eficiente e a utilização de fertilizantes, que aceleram as taxas naturais de atividade biológica no solo, podem indiretamente levar a uma maior formação de compostos voláteis de mercúrio e, no fluxo natural de Hg, esta "desgaseificação" é de importância dominante. As emissões atmosféricas acabam por entrar em ambientes terrestres e aquáticos. Os oceanos são o grande reservatório de metais pesados e radionuclídeos, embora, com a diluição e o sequestro nos sedimentos, a concentração média permaneça baixa e os efeitos tóxicos possam não ser realmente observados, exceto em locais de população. Numa escala local, a poluição de fontes industriais pode resultar em efeitos tóxicos que podem ser intratáveis e extremos em muitos casos. Os metais pesados exercem o seu efeito nocivo de muitas formas, embora todos os principais mecanismos de toxicidade sejam consequências das fortes capacidades de coordenação dos iões metálicos. Devido ao envolvimento microbiano em tais processos ecológicos, bem como no crescimento e na produtividade das plantas e nas associações simbióticas, a poluição por metais pesados pode ter efeitos graves e de longo alcance, constituindo, em última análise, uma ameaça para os seres humanos através da bioacumulação e da transferência através da cadeia alimentar.

Em ambientes poluídos, os metais pesados podem não ser os únicos componentes perigosos encontrados pela microflora. Podem estar presentes outros tóxicos e, além disso, os ambientes estragados por perturbações industriais são frequentemente pobres em nutrientes e têm um pH extremo, por exemplo, os lixiviados das minas. Os ambientes aquáticos variam em termos de teor de matéria orgânica e apresentam uma gama de salinidades. Num sentido mais geral, as caraterísticas físico-químicas de um dado ecossistema no qual os metais são depositados determinam a forma de disponibilidade biológica dos metais pesados e a sua toxicidade. Esses factores abióticos podem incluir o pH, o potencial de oxidação-redução, o arejamento, os aniões e catiões inorgânicos, a matéria orgânica particulada e solúvel, os minerais argilosos, os óxidos metálicos hidratados, a salinidade, a temperatura e a pressão hidrostática. Quando estes factores diminuem as concentrações biologicamente disponíveis destes metais, a toxicidade é frequentemente reduzida. As interações de ligação com componentes orgânicos do ambiente, por exemplo, ácidos iónicos e fólicos, proteínas, agentes quelantes orgânicos, podem remover metais da solução ou formar complexos ou quelatos que podem não ser tão facilmente acumulados pelos microrganismos como os catiões livres.

Uma vasta gama de organismos de todos os principais grupos pode ser encontrada em habitats poluídos por metais e a capacidade de sobreviver e crescer na presença de concentrações de metais potencialmente tóxicos é frequentemente encontrada. O efeito dos metais pesados na abundância microbiana em habitats naturais varia consoante os metais e os microrganismos e os atributos físico-químicos desses ambientes. Foram frequentemente registadas reduções gerais no número de bactérias, incluindo actinomicetos e fungos, em solos poluídos com Cu, Cd, Pb, As e Zn. Ao longo de um gradiente acentuado de Cu e Zn nos solos em direção a uma fábrica de latão, a biomassa fúngica diminuiu cerca de 75%, tendo o número total de fungos num solo suplementado com glucose sido reduzido pela adição de Cd ou Zn, tendo o primeiro metal o maior efeito tóxico. Também se registaram reduções semelhantes no número de cianobactérias e algas aquáticas em resposta à poluição por metais. No entanto, estas continham um maior número de Nitrosomonas sp. A combinação de Cd e Zn reduziu o número de bactérias e actinomicetas em maior grau do que o número de fungos num solo suplementado com glucose. Num estudo em que o Cu foi adicionado a um ecossistema marinho estimulado, verificou-se um aumento das bactérias heterotróficas, que se pensou ser o resultado de bactérias que sobrevivem à exposição ao Cu utilizando os substratos orgânicos libertados pelos organismos sensíveis ao Cu.

Existem bactérias que produzem grandes quantidades de polissacáridos extracelulares com propriedades aniónicas, funcionando assim como biossorventes eficientes para catiões metálicos. Estes polímeros extracelulares, por exemplo os produzidos por *Zoogloea sp.*, estão fortemente envolvidos na remoção de metais dos processos de tratamento de águas residuais e a extração e remoção de polímeros destas e de outras culturas bacterianas pode reduzir grandemente as capacidades de biossorção e também aumentar a sensibilidade aos metais. As matrizes extracelulares actuam como uma barreira eficaz e impedem a entrada significativa de iões metálicos na célula. Interações semelhantes são também prováveis para as cianobactérias, algas e fungos que produzem polímeros extracelulares. Os fungos produtores de ácido oxálico apresentam frequentemente uma tolerância acentuada aos metais e este mecanismo de desintoxicação é frequentemente encontrado em fungos que apodrecem a madeira, em especial os expostos a conservantes alimentares à base de cromo-arsenato de cobre, por exemplo, espécies como *Aspergillus niger, Penicillium spinulosum* e *Verticillium psalliotae*. O ferro é um elemento essencial e muitos microrganismos libertam várias moléculas de ligação ao ferro, denominadas sideróforos, que complexam o Fe^{3+} . Os quelatos férricos formados externamente interagem subsequentemente com as células, de modo que o ferro se acumula intracelularmente. Alguns dos sideróforos podem quelar fortemente outros metais, por exemplo, gálio, níquel e compostos análogos foram produzidos durante o crescimento de *Pseudomonas aeruginosa* na presença de urânio ou tório. A limitação de ferro pode aumentar a produção extracelular de sideróforos e em *Anabaena sp.* estes podem funcionar como fortes agentes complexantes de cobre.

As bactérias redutoras de sulfato, por exemplo, *Desulphovibrio*, estão envolvidas na formação de depósitos de sulfureto que contêm grandes quantidades de metais. A formação de sulfuretos conduz, assim, à remoção de metais da solução, o que está associado à resistência numa variedade de micróbios. As estirpes de *Klebsiella aerogenes* resistentes aos metais precipitam Pb, Hg ou Cd como grânulos de sulfureto insolúveis na superfície exterior das células e as partículas de Ag2S depositam-se nos tiobacilos quando crescem em sistemas de lixiviação de sulfuretos contendo prata. As estirpes da alga verde *Cyanidium caldarium* podem crescer em águas ácidas a 45°C contendo elevadas concentrações de iões metálicos. O ferro, o cobre, o níquel, o alumínio e o crómio podem ser removidos da solução por precipitação nas superfícies celulares sob a forma de sulfuretos metálicos. As células podem conter até 20% de metal. As leveduras também podem precipitar metais, sob a forma de sulfuretos dentro e à volta das paredes celulares, e as colónias podem parecer castanhas escuras na presença de cobre.

No que diz respeito aos aspectos comerciais das interações metal-micróbio, a toxicidade dos metais pesados está na base de muitas preparações antimicrobianas para o controlo de agentes patogénicos para animais e plantas, proliferação de algas e preservação de materiais naturais e sintéticos. Muitas interações de metais pesados com micróbios resultam na sua remoção da solução. Estes processos são de importância comercial porque a remoção de metais pesados potencialmente tóxicos ou de radionuclídeos de efluentes industriais e de águas residuais pode levar à desintoxicação ou à recuperação de metais valiosos, por exemplo, o ouro.

Uma vantagem dos sistemas microbianos para utilização comercial é a sua versatilidade no que respeita aos mecanismos de absorção e a relativa facilidade de manipulação morfológica, fisiológica e genética. Certos tipos de biomassa ou produto podem ser acumuladores altamente eficientes, mesmo a partir de concentrações externas diluídas, e as capacidades de absorção podem ser grandes através de uma variedade de mecanismos que vão desde os puramente físico-químicos até aos que dependem do metabolismo celular. As tecnologias baseadas em micróbios podem constituir um processo alternativo ou suplementar aos métodos de tratamento convencionais de recuperação/remoção de metais, estando vários deles em funcionamento comercial nas indústrias mineira e metalúrgica. No entanto, só recentemente é que os sistemas biorreceptores estão a receber maior sofisticação e muitas áreas de interação metal/micróbios permanecem inexploradas.

Nalguns casos, a absorção intracelular pode resultar de um aumento da permeabilidade celular. Os processos de absorção de metais dependentes do metabolismo, incluindo a adsorção, podem ser designados por "biossorção" e são frequentemente rápidos. Em muitos organismos, a ligação pode ser, pelo menos, um processo em duas fases, envolvendo primeiro interações entre iões metálicos e grupos reactivos, seguidas de deposição inorgânica de quantidades crescentes de metal, o que leva à acumulação de quantidades muito maiores de metal do que através de fenómenos de mera troca iónica. Em culturas em crescimento, a biossorção e o transporte podem ser obscurecidos ou reforçados por outros fenómenos, por exemplo, precipitação, complexação, alterações no meio de crescimento e morfologia do organismo. Existem muitos locais potenciais de ligação nas células microbianas e matrizes extracelulares e os componentes estruturais das bactérias, algas e fungos incluem peptidoglicano, ácido teicóico e teichurónico, polissacáridos, celulose, ácido urónico, proteínas, glucanos, mananos, quitina e melanina. Em geral, o metal ligado, a menos que esteja cristalizado, é relativamente fácil de remover.

Uma consideração importante nos métodos de acumulação de metais com base em micróbios é o caso da recuperação de metais/radionuclídeos, quer para recuperação quer para outros contaminantes de resíduos tóxicos/radioactivos. A recuperação não destrutiva pode ser desejada para a regeneração da biomassa para reutilização em ciclos múltiplos. A recuperação destrutiva pode ser efectuada através de tratamentos pirometalúrgicos ou da dissolução em ácidos ou álcalis fortes. Se a biomassa residual barata for utilizada para metais valiosos, a recuperação destrutiva pode ser economicamente viável. O material particulado em forma de metal dissolvido também pode ser adsorvido em células microbianas. Os sulfuretos de cobre, chumbo e zinco foram absorvidos pelo micélio de *A. niger*, enquanto *Mucor flavus* podia absorver sulfureto de chumbo, pó de zinco e hidróxido férrico da drenagem ácida de minas.

Foram utilizadas culturas mistas de organismos resistentes a metais para a remoção de metais. Uma comunidade tolerante à prata podia tolerar até 100 mM de Ag^+ e as quantidades acumuladas atingiam mais de 30% do peso seco da biomassa. Outra comunidade bacteriana estável de dez membros foi isolada de lamas activadas utilizando o enriquecimento em quimiostato e esta podia tolerar até 15 mM de Cu^+ e novamente acumular Cu^+ até 30% do peso seco da célula. A biomassa das lamas activadas tem um potencial de aplicação considerável, especialmente devido ao papel dos polímeros extracelulares na acumulação de metais. Entre as espécies importantes contam-se a *Zoogloea* e a *Arthobacter*. Um exemplo em que um sistema de células vivas actua como um polidor de um processo existente, que não é completamente eficiente, é a remoção biológica de arsénio de efluentes da refinação de cobre. Após o tratamento pirometalúrgico, foi concebido um tratamento de algas em duas fases, sendo a remoção do arsénio realizada em dois bioreactores. As algas carregadas de arsénio foram colhidas e subsequentemente incineradas. As transformações de metais por micróbios resistentes podem resultar na remoção da solução.

Os microrganismos apresentam uma variedade de estratégias de sobrevivência em resposta a metais pesados, bem como a certos processos físico-químicos não dirigidos, como a biossorção. É necessária uma maior compreensão desses mecanismos, não só no contexto científico mas também devido ao seu potencial em termos de biotecnologia. A nível científico, a atual ascendência da biologia molecular e da genética contribuirá indubitavelmente e algumas áreas, nomeadamente a resistência bacteriana ao mercúrio e a metalotioneína da levedura, estão bastante avançadas neste aspeto. No entanto, vários domínios carecem de estudos microbiológicos e bioquímicos fundamentais sobre a fisiologia da resistência, que constitui uma base necessária para a análise molecular.

Apesar disso, os estudos relacionados com o ambiente são susceptíveis de atingir uma nova proeminência devido aos problemas de aceleração da poluição ambiental por metais pesados e radionuclídeos por meios legais, ilegais e acidentais e também devido à nova consciência da utilização de extremófilos em novos processos biotecnológicos. Tanto a biomassa microbiana viva como morta pode acumular metais pesados e alguns processos já estão a funcionar comercialmente. Deve sublinhar-se que os processos baseados em micróbios para a recuperação/remoção de metais podem não substituir necessariamente as tecnologias convencionais, mas podem servir para polir processos não completamente eficientes. A seletividade é um problema para muitos sistemas microbianos e este aspeto merece mais atenção no futuro. Pode ser possível obter um certo grau de seletividade tanto na biossorção como na dessorção utilizando a seleção de estirpes e/ou a manipulação de condições externas.

Embora as estirpes resistentes possam ser facilmente isoladas ou modificadas, apresentam frequentemente uma acumulação reduzida. No entanto, há exemplos em que as estirpes de leveduras resistentes absorvem mais metal do que as estirpes sensíveis, provavelmente um sequestrador interno mais eficiente e em que os consórcios microbianos resistentes são também altamente eficazes. Atualmente, os sistemas que utilizam células vivas parecem relativamente pouco sofisticados e as metalotioneínas, a acumulação de metais em partículas, os sideróforos e moléculas análogas e a precipitação extracelular têm sido pouco explorados. Com a constatação de que a metalotioneína e os sideróforos da levedura podem ser capazes de se ligar a metais preciosos e a possibilidade de manipulação genética de organismos para, por exemplo, expressão constitutiva de metalotioneína, esta situação pode mudar no futuro.

Relativamente às aplicações industriais da remoção/recuperação microbiana de metais, a maior parte da atenção tem-se centrado até agora em elementos de elevado valor comercial. No caso dos metais não preciosos e dos radionuclídeos, os aspectos económicos são frequentemente pouco atractivos e existe o problema da biomassa contaminada. No entanto, a contaminação de resíduos ou eluatos de baixo volume é preferível à sua entrada no ambiente. No entanto, com o aumento da poluição e a sensibilização do público para este facto e para os perigos dos metais pesados e dos radionuclídeos para todos os componentes vivos da biosfera, podem ser tomadas medidas e o maior envolvimento das tecnologias baseadas em micróbios pode fazer parte dessas medidas. Infelizmente, para todos os que se preocupam com a segurança ambiental, o otimismo é um bem escasso.

A bioremediação envolve um grupo de aplicações para a desintoxicação de substâncias perigosas. A bio-sorção envolve a sorção de iões metálicos de soluções por biomassa viva ou seca de micróbios, o que constitui uma boa alternativa à bioremediação de efluentes industriais e à recuperação de metais. Os biossorventes são obtidos a partir de biomassa de resíduos naturais que tem uma opção de alta absorção e baixo custo. A biomassa tem uma elevada tolerância aos metais, pelo que os acumula. Por conseguinte, são úteis no tratamento de grandes volumes de efluentes que contêm uma baixa concentração de poluentes. Por conseguinte, é uma tecnologia emergente para a remoção de metais pesados de efluentes.

Devido às enormes actividades humanas, é libertado no ambiente um grande número de compostos inorgânicos e orgânicos. As indústrias mineiras e de galvanoplastia libertam grandes quantidades de efluentes contendo metais pesados como o mercúrio, o cádmio, o chumbo, o cobre e o urânio, que são descarregados no ambiente, poluindo-o e colocando-o em perigo para a saúde, uma vez que o corpo humano não consegue descarregar estes metais e, por isso, acumulam-se nos órgãos do corpo, causando-lhes danos e até mesmo cancro. Embora os métodos físicos e químicos como a permuta iónica, a evaporação e a precipitação para a remoção de metais dos efluentes sejam dispendiosos e, por conseguinte, impraticáveis, a recuperação e a exclusão de metais pesados por biossorção, em que a biomassa é utilizada como bio sorvente, incluindo bactérias, fungos, algas e leveduras, resulta na remoção de metais, bem como na desintoxicação do ambiente.

A biotecnologia ambiental envolve aplicações de tecnologia para diminuir a poluição do ambiente. Um ramo da biotecnologia ambiental é a tecnologia de biorremediação e a bio sorção faz parte desta tecnologia, que é utilizada para sequestrar ou decompor os poluentes dos efluentes, reduzindo ou eliminando assim a poluição.

A bio sorção inclui a troca iónica, a adsorção, a difusão ou a ação quelante mediada por micróbios. Esta ação é particularmente útil para a remoção e recuperação de metais pesados. Os micróbios têm apetite por petróleo, gás ou substâncias tóxicas e absorvem-nas e acumulam-nas. Os produtos químicos sofrem alterações e as substâncias tóxicas são convertidas em substâncias inofensivas como a água e o dióxido de carbono.

A tecnologia de bioremediação para limpar a poluição do ambiente consiste em fixar ou curar com a agência de seres vivos ou biológicos. Geralmente, o processo de bioremediação é aplicado no local da poluição. Isto resulta numa completa mineralização e aclimatação de contaminantes e compostos orgânicos. A bioremediação pode ser aeróbica, in situ, anaeróbica in situ e aeróbica ex situ.

A bio-refinação é a utilização de micróbios que podem ajudar a recuperar minerais como o cobre, que pode ser bio-refinado a partir de resíduos. A bio-lixiviação de minérios de óxido e sulfureto também ajuda no tratamento de minérios de manganês, cobalto, níquel, etc. Trata-se de processos que envolvem bioremediação, dispersão, diluição, sorção e volatilização de contaminantes.

A biofloculação é um processo de floculação de minerais por microorganismos, em soluções. Alguns micróbios são colectores ou depressores de flutuação. Isto é útil para remover partículas finas de soluções aquosas.

O extrato isento de células com componente celular em vez de organismos vivos é utilizado devido à especificidade do componente e ao facto de o controlo da reação ser mais fácil. Não requer a manutenção de condições específicas para o crescimento celular.

A bioacumulação, um tipo de bioremediação, é utilizada para remover metais pesados de resíduos industriais, em que células vivas ou mortas são utilizadas para bioacumular partículas ou partículas solúveis de metal. Também a bio-sorção, a bio-precipitação e a absorção de metais por biopolímeros microbianos podem ser aplicadas na bioremediação.

Uma vez que as células fúngicas de Zygomycetes têm polissacáridos semelhantes à quitina, ao quitosano e ao glucano nas paredes celulares, actuam como bio-sorventes de metais e, por conseguinte, são utilizadas para remover metais como o urânio, por exemplo, as estirpes fúngicas Aspergillus niger, Mucor rouxii e a levedura Saccharomyces cerevisiae. As células fúngicas vivas, bem como a biomassa morta de outras fermentações industriais, podem ser reutilizadas para este fim, o que poderia ser uma alternativa económica. Se forem utilizadas, as células mortas não necessitam de nutrientes para o seu crescimento. Também no caso das células mortas, os metais removidos dos efluentes aquosos não são prejudiciais.

Os micróbios multisorventes de metais são o futuro da tecnologia de bio-sorção. Estes podem ser organismos projectados ou desenvolvidos no futuro.

Em 1990, as empresas Georgia Gulf e Georgia Pacific utilizaram micróbios para degradar compostos fenólicos em dióxido de carbono e outros materiais não tóxicos.

Entre a biomassa bio sorvente incluem-se o bolor Rhizopus e a bactéria Bacillus subtilis, que são mais úteis para a acumulação de metais pesados. Outros organismos incluem as algas marinhas, que podem acumular mais de 25% de metais pesados do seu peso seco por bio sorção.

Podem ser desenvolvidos micróbios mais eficazes e eficientes na degradação de poluentes através da tecnologia de clonagem de genes para alterar a sua composição genética adequada à degradação.

Os micróbios dispõem de vários mecanismos para a degradação e o transporte, acumulando-os ou convertendo-os noutros produtos químicos não tóxicos. Alguns organismos podem ligar-se aos metais na superfície da célula ou transportá-los para o interior da célula a partir de outro ambiente. Alguns organismos oxidam os metais, ferro, manganês, cobre, cobalto ou reduzem os iões metálicos. Os micróbios podem produzir produtos como ácidos que ajudam a dissolver metais que são precipitados por outros organismos, alguns podem metilar iões produzindo compostos metálicos voláteis. No processo de bioremediação, os metais são transformados noutras formas, desintoxicando assim o ambiente.

A biossorção é semelhante aos mecanismos de permuta iónica ou de adsorção e pode ser utilizada para tratar efluentes que contenham poluentes. Espera-se conceber ou selecionar um processo de remediação de efluentes consideravelmente ao mais baixo custo para a remoção de metais pesados presentes nos resíduos.

10.4 Perspectivas futuras da biotecnologia ambiental

Existem numerosas possibilidades de utilizar isolados naturais de micróbios com amplas aplicações na limpeza ambiental. A descoberta de bactérias barotermófilas alargou o intervalo de temperaturas a que a vida pode ser detectada para cerca de 110°C. A continuação do trabalho com estes organismos exige o desenvolvimento de equipamento mais sofisticado para o seu cultivo.

Embora os organismos mesófilos e os seus produtos sejam quase sempre a escolha para os processos biotecnológicos, o advento da clonagem de genes resultará quase certamente na utilização crescente de produtos de genes termófilos no futuro. De um modo geral, o nosso conhecimento dos mecanismos de termotolerância é escasso, embora uma caraterística comum a várias moléculas termofílicas seja o facto de diferirem das suas homólogas mesófilas apenas por pequenas alterações fundamentais. Agora que compreendemos melhor a estrutura e a função das proteínas, especialmente em relação à temperatura, os métodos de engenharia de proteínas serão utilizados para adaptar os processos de biodegradação das enzimas, especialmente os mediados por anaeróbios.

A formação de consórcios de diferentes termófilos permitiria realizar mais eficazmente muitos desses processos. O conhecimento das interações ecológicas relacionadas com a bioquímica e a fisiologia dessas populações mistas será de primordial importância. A realização de mais trabalhos sobre os organismos termófilos e os seus produtos deverá permitir uma melhor compreensão da vida microbiana em geral e os resultados poderão constituir um desafio para as nossas ideias e dogmas actuais.

Os metais pesados tóxicos e os radionuclídeos têm efeitos adversos nos ecossistemas aquáticos e terrestres. Apesar disso, os microrganismos encontram-se habitualmente em habitats poluídos e possuem uma série de atributos morfológicos e fisiológicos que permitem a sua sobrevivência. Certos tipos de resistência podem ser geneticamente determinados e transferíveis, enquanto noutros casos a tolerância pode depender de propriedades intrínsecas do organismo e/ou da desintoxicação devida a componentes ambientais. Muitos organismos podem exprimir uma variedade de estratégias de sobrevivência e, para além de constituírem um excelente sistema modelo para a investigação científica em domínios que vão da ecologia à biologia molecular e à genética, são também de importância biotecnológica para a desintoxicação de efluentes industriais, a recuperação de metais, a recuperação de solos, a preservação de materiais naturais e sintéticos e o tratamento de infecções.

A capacidade dos fungos para solubilizar metais de materiais sólidos pode abrir perspectivas completamente novas para aplicações de fungos que contribuam para a lixiviação de metais de minérios carbonosos e resíduos mineiros. Também a desintoxicação de resíduos contaminados com metais pesados pode ser efectuada com fungos. Atualmente, não existe qualquer descrição sobre a lixiviação de metais por fungos.

Algumas plantas desempenham um papel na recuperação de sítios contaminados, designado por fitorremediação. Prevê-se que, no futuro, a tecnologia de fitoremediação seja melhorada e mais eficaz. Existe a possibilidade de introdução de genes estranhos no genoma das plantas que podem aumentar a taxa de remediação de xenobióticos.

A biotecnologia é uma alternativa importante para a revitalização da saúde ambiental. A biotecnologia é a aplicação de princípios científicos e de engenharia à transformação de materiais por agentes biológicos. Espera-se que a biotecnologia ambiental possa oferecer melhores benefícios para a monitorização e a gestão de resíduos de forma mais eficiente e a capacidade de destruir com segurança os poluentes acumulados para a recuperação do ambiente.

Deve ser efectuada mais investigação sobre espécies de plantas capazes de acumular metais pesados em concentrações elevadas, denominadas hiperacumuladoras, utilizadas para fitorremediação através da remoção de metais de ambientes poluídos.

A contaminação dos solos agrícolas com metais pesados provenientes de descargas industriais constitui uma séria ameaça para a saúde humana e animal, uma vez que estes se acumulam na cadeia alimentar. Por conseguinte, no futuro, serão necessários métodos biotecnológicos que envolvam a engenharia genética utilizada na fitorremediação de solos poluídos por metais pesados.

Para a monitorização da poluição, que envolve medições gerais de danos biológicos e da saúde animal e a análise de contaminantes químicos no biota e no ambiente, os biomarcadores moleculares, como sondas de ARNm e anticorpos, estarão disponíveis e serão utilizados num futuro próximo.

As aplicações de bio-emulsionantes na bioremediação de óleos do solo estão previstas numa forma avançada. Os bioemulsionantes emulsionam os hidrocarbonetos, aumentando a solubilidade em água e a deslocação das substâncias oleosas das partículas do solo. A inclusão de bioemulsionantes que aumentam o tratamento de bioremediação seria desejável para o tratamento in situ e para as biopilhas de forma eficiente.

Nos próximos tempos, os biossensores com biomoléculas, como proteínas, enzimas e anticorpos, estarão disponíveis para várias aplicações ambientais de forma rotineira e precisa.

A tecnologia baseada em anticorpos oferece a possibilidade de deteção sensível e remoção eficiente de poluentes orgânicos do ambiente. Prevê-se que esta tecnologia seja melhorada e desenvolvida no futuro para aplicações alargadas.

Os bio tensioactivos são produtos naturais derivados de certos fungos e bactérias que podem ajudar a solubilizar e emulsionar pesticidas tóxicos e ajudar a recuperar os materiais perigosos dos solos contaminados. O sucesso futuro da tecnologia dos bio tensioactivos em iniciativas de bioremediação exige a orientação precisa do sistema bio tensioativo para as condições físicas e a natureza química do local afetado pela poluição.

10.5 Referências selecionadas

Aiking, H., Govers, H., e Vant's Riet, J. (1985). Detoxificação de mercúrio, cádmio e chumbo em Klebsiella aerogenes NCTC 418 crescendo em cultura contínua. Appl. Environ. Microbiol. 50; 1262-7.

Baker, J.H. (1970). Leveduras, bolores e bactérias de uma turfa ácida da ilha de Signy. In: Antarctic Ecology, vol. 2, Academic Press, Londres e Nova Iorque, pp. 717-722.

Baross, J.A. (1972). Some influences of temperature, bacteriophages and other ecological parameters on the distribution and taxonomy of marine vibrios. Tese de doutoramento, Universidade de Washington, Seattle.

Ben-Amotz, A. e Avron, M. (1983). Acumulação de metabolitos por algas halotolerantes e seu potencial industrial. Annu. Rev. Microbiol, 37; 95-119.

Beveridge, T.J. e Murray, R.G.E. (1980). Locais de deposição de metais na parede celular de Bacillus subtilis. J. Bacteriol, 141; 876-87.

Egglishaw, H.J. (1972). Um estudo experimental da decomposição da celulose nas correntes de fluxo rápido. In: O detrito e o seu papel nos ecossistemas aquáticos. Mem. Int. Ital. Microbial, 29, Suppl. Pallanza, Itália, pp. 405-428.

Evans, G. M. e Furlong, J. C. (2003), Environmental Biotechnology Theory and application. John Wiley and Sons. Chinchester.

Forster, C. F. e Wase, D. A. (1987). Environmental Biotechnology. Ellis Horwood, Chinchestor, p-p53.

Gadd, G.M. (1986). In: H. Eccles e S. Hunt (eds.) Immobilization of ions by Bio-sorption, Chichester, Ellis Horwood, pp. 135-47.

Gregory, P.H. (1973). The microbiology of the Atmosphere. Halsted Press, Wiley, Nova Iorque, pp. 377.

Scragg, A. (1999). Environmental Biotechnology, Longman, Londres.

Printed by Books on Demand GmbH, Norderstedt / Germany